U0634146

复旦人文高端讲座

自由速度 RUBATO

人类生态

动物园

王明珂 著

Human Ecology:
A Zoo of Us

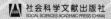
社会科学文献出版社
SOCIAL SCIENCES ACADEMIC PRESS (CHINA)

前言

　　这本书是基于 2023 年 10 月我在复旦大学文史研究院所做的系列演讲内容改写而成。在此我要感谢该院的邀请，以及此期间该院师生的交流互动，让我有动机完成这本关于人类生态的小书。称之为小书，是因为在我原来的写作规划中它的篇幅规模与学术深度都不止于此。然而我愈来愈认为，让人类生态概念及其内涵普及人心，比起写一本学术巨著更为重要。因此在这本书中，我尽量以切身的例子与平实的语言，去除专门词汇、理论、脚注等学术外衣，来说明作为环境、生计、社会、文化四方面综合体的人类生态。

我急切地希望介绍与普及人类生态概念有两个主要原因。一是当今世界有许多热切投身于环境保护、经济发展、社会正义、文化保存等方面的个人与群体，然而少有人关注它们之间的整体相倚性：一方面的胜利，常造成另一方面的挫折。二是当生产、贸易、信息等许多方面皆逐渐走向全球化的今日，从人类生态角度来说，打造全球化人类生态尚遥不可及，且当前全球化架构远非公平合理，产生许多弊病与受害者。因此便如我在本书最后一章的分析与呼吁，打造各国或各区域性人类生态至为重要。在本书完稿付印前，正值美国特朗普总统对全球发动"关税战"，必然重挫早已脆弱的全球化体系。我认为此时最重要的不是谁能在此"贸易战"或"关税战"中得胜，而是谁的人类生态体系更合理及牢固。

最后，书名《人类生态动物园》指的是，无论如何，人类为动物界的一分子，生活在地球或各国特定的环境空间中。因而打造理想人类生态便有如建构一优质且能永续的人类动物园，或人类理想国。美好的环境及其稳固边界，生产与消费自足之富裕经济体系，公平和谐有序的社会，以及规范、导引人类社会行为以巩固此体系的文化——这些都可借由规划和大家的努力而完成。

王明珂

2025 年 4 月于北京大学中关园宿舍

目录

1

序　论

"人类生态"（human ecology）这个词常出现在多种学科之中，各学科在运用这个词时其内涵略有不同，然而都蕴含着跨学科的知识建构或理想——期望探讨人类和其所居环境间的复杂关系，关注人类如何跟自然界互动以及由此对双方造成的影响，因此常汲取与综合生态学、社会学、人类学、地理学和经济学等多学科知识。

　　在人类生态名义下，各个学科自有其议题偏重，并采用本学科特别的方法或多学科方法来探究它们。如生态学（ecology）、文化生态学（cultural ecology）、人类行为生态学（human behavioral ecology）这一类学科，关注人和环境之间的互动关系，以及人类活动对生物多样性的影响、环境健康评估等。其方法包括田野调查、环境监测以采集数据，建立分析模型，进行量化分析。其研究虽常提及人类行为，但聚焦于进化与物竞天择压力下人们的觅食、配偶选择、育儿等策略，群体间的合作、冲突与解决冲突之道等主题，尝试理解这些人类行为在帮助人类适应不同生态环境上的意义。由社会学与社会人类学来看，这些探讨并未涉入太多较复杂的人类社会与文化行为。此并非贬抑。无论人类社会如何复杂，人总还是生物界的一部分，许多人类文化行为仍反映此一本质，而以上学科对人类行为的关注便是此一部分。

人文地理（human geography）与城市生态学（urban ecology）也常提及人类生态。它们侧重人与环境关系中的空间问题，如城市化、土地利用、城市规划，以及环境资源和环境危害因素的空间分布等，常使用空间分析、地理信息系统（GIS）等方法，研究城市化对环境的影响，以及城乡人群空间分布。另外则是政治生态学（political ecology），这是政治学上的人类生态研究，考察人与环境关系中的政治、经济和政策，如研究权力结构、公共政策与全球化如何影响资源分配，以及如何造成环境恶化和环境公平性等问题。学者们使用质性分析、现行政策案例比较、历史变迁分析等方法，以理解造成环境变化的政治经济因素。全球化是此领域的重要议题。后面我们会特别提及，全球化不只是旨在打造一个全球性的贸易、政治与相关价值体系，它更因此构成一全球性人类生态之角逐场域。

最后便是与本书内涵较接近的社会人类学（social anthropology）、生态人类学（ecological anthropology）与文化生态（cultural ecology）之研究。它们皆关注人、社会、文化与环境之间的关系。人类如何以文化来认识周遭世界，如何以文化来适应其环境，如何以知识体系与文化来利用环境资源行生产与交换之事，如何以文化规范个人行为来让环境资源可被持续利用。人类学田野调查，社会现象之量化分析，社会结群、阶序及相关权力分析，各种角度的文化研究，都是这些学科领域学者常用的方法。

在诸多学科对人类生态的关切下，许多问题成为聚焦点，譬如以下几则。生态系统与其变迁：该议题关注人类活动如何影响及塑造环境生态体系，以及后者之变化如何影响人类，如森林砍伐、环境污染，以及城市化与各种产业之能源消耗和废物排放等，对生态系统和生物多样性的影响。自然资源的可持续管理：在该议题上学者们关注环境中的水、土地、矿产、森林等自然资源的开发、利用、管理等问题，以期环境资源一方面能满足人类所需，另一方面能被人们永续利用。当前我们常听得的永续经营、永续利用，便是此议题下的人类生态关怀。文化生态：该议题的重点在于环境与人类社会文化之间的关系；人类如何结为各种形式的社会群体，建立各种社会制度与文化，来利用与适应特定环境。在这个主题下，学者们的关注转移到文化上。然而一般来说，此"文化"

所指是比较刻板的，似乎认为某种人群之文化，特别宜于该人群所居之自然环境，因此让该人群得以良好地生存与世代延续。这一概念受到很多批评。它好像是说，某些澳洲、非洲原住民不需要现代化生活，因现代化破坏环境生态，反不如其传统文化那样能让他们适应及保护当地环境。譬如过去台湾兰屿地方政府曾为雅美高山族人建一批水泥楼房，但因太热而无人愿意迁入。此事受到学者批评，其理由便是当地居民传统的半地穴式房子最宜于本地多台风及湿热的环境，批评主其事者不懂得该民族文化生态。但过了些年后人们还是搬进去了，理由很简单——有了空调。该例子也显示，各种学科思考都有它的偏重和缺失，因而在人类生态概念下跨学科地探讨相关议题时，每个学科都应对本学科的一些谬误或偏见有些检讨与反思。

还有一些偏重环境的议题。如人口与环境负担能力：关心人口增长（特别是都市中的人口）对环境造成的压力与破坏。又如环境健康：探讨环境中的各种污染物、毒素对人体健康的影响。这是较偏化学性、生物性的议题，但也涉及社会文化，如生食的文化习俗、个人对周遭环境不洁的恐惧，都影响个人与环境中有害因素的接触。还有便是当前最热门的议题——气候变迁与全球变暖：人类生产活动与日常生活中的碳排放如何破坏地球臭氧层，造成全球气温上升或气候异常，人们应如何阻止或推迟此恶化过程。近30年来，全球许多个人与群体，包括众多著名政治、经济、学术领袖，皆大力呼吁全球携手合作来对抗全球变暖。然而另一方面，通常人们不爱听到，自己开车或者爱吃肉都能造成全球变暖、海平面上升和极端天气这种说法。因此有些人认为全球变暖是胡说，认为地球一直有比较冷的时候（冰河期），也有比较热的时候。更因为节能减排涉及许多利益，如许多国家大手笔补贴的风电事业，以及我们将在后面讨论的碳交易（carbon credit trading），许多人认为"全球变暖"之说是发达国家与其资本财团的一场宏大阴谋。这也是人类生态的一部分，在本书后面章节中我们将对此作些讨论。

与环境污染、节能减排相关的人文考虑是环境公平性：在施行许多环境保护政策时是否应思考社会公平性，如这些政策是否有利于某群体而让另一些社会群体受害？全球或一国之内所有个人、产业、区域人群平均负担环保责任是否公平？在全球很多地方都发生与此相关的争议，如垃圾处理厂设在哪里，工厂能或不能建在哪里。环境公平并不是绝对的，如一个经济落后、就业困难的地区，是否应坚持环境公平而拒绝会带来环境污染的产业开发案，这可能让人们陷入两难。过去许多国家的做法是，将一些核废料储存场或高环境风险产业放在边远地区，这自然有违环境公平。现在一种与之相反的做法或思考，我认为对原住民地区而言亦有违环境公平。那就是，当强调节能减排、环保与绿化环境成为全球核心国家之主流意见时，要求或期望原住民、少数民族和边远落后地区民众保护其美好环境。简单说，都市人在一周大部分时间忙于或享受其现代都市生活，假日则希望能到偏远地区享受好山好水的原生态环境，这是否也违反环境公平正义？

以上这些议题在环境与人类社会研究中各有偏重，各学科对其又自有专业考虑，因此更凸显建立一整体人类生态思考模式的重要性。在这些多元的学科及议题关注中，最有分歧也最复杂的概念便是"文化"。不同学科对它有不同的认识，即使在谈论"文化"最多的人类学、考古学、社会学与文化批判等学科中，学者们的意见也经常相左。这种情形是可以理解的：如果我们知道即使是学者也生活在各种"文化"中，那么人们如何跳出自身的"文化"来思考及认识"文化"？

总之，各学科都希望以跨学科的人类生态角度来认识及解决人类社会中复杂的环境、生计与社会问题。我对"人类生态"有更根本、更重要的期许。若解决这些人类社会中多元又相互纠结的问题是知识、学问的终极目标，那么我们更需要的是一整体性的人类生态概念，让我们得以认识古今中外各种人类社会的基本面貌——由人类学家、社会学家研究的南太平洋岛民、东非游牧社会人群，到今日一农村或都市中一医院社群；由考古学家研究的新石器时代聚落人群，到历史学者研究的宋代或近代某区域人群，或整体中国之人类生态及其历史变迁。

我对人类生态的认识与思考过程

在提出对人类生态的看法之前，我要说明自己这些看法的学科知识、实际研究与社会反思基础。也就是说，首先，以下各章我对人类生态的论述并非全为我的独特创见，而是受到人类学、历史学、社会学与考古学等之影响。其次，本书所论亦非全为摘取各学科关于人类生态之内涵组织而成，而是基于我在田野与文献研究中——主要是结合史学与人类学的华夏边缘研究——对上述学科知识的体悟。再次，多年来在各种与社会现实相关的或为解决现实社会问题的学术工作中，我经常反复思考环境、生计、社会与文化间的关系。这些针对社会现实问题的思考，一方面帮助我修正及凝铸人类生态概念，另一方面也让我更坚信认识人类生态的重要性。以下我对此一一说明。

第一，在学术知识背景方面。首先，我对人类生态的初步认识与其主要架构来自人类学之民族志。在 20 世纪人类学传统中，最重要的便是田野考察与随后的民族志书写。田野考察项目与民族志书写章节编排常包括以下四方面：当地地理环境，如位置、气候、地形地貌、土壤等；该人群的生计活动，如游牧、农耕或渔猎，及相关的社会分工与交换活动；该人群的社会关系、制度与组织，如两性关系、亲属制度、部落组织、行政体系与相关的社群认同；该人群的文化，如生命礼仪、宗教信仰、生活习俗。更重要的是，人类学家倾向于以某种逻辑（所谓理论）将这四方面联系在一起，如功能主义、结构主义、象征主义等。在本书中我以环境、生计、社会、文化作为人类生态的四大面相，探讨它们之间的整体性与互倚性，此架构源于人类学之民族志概念。

其次，在此架构下讨论人类生态四大面相间的细腻关系时，我深受经济人类学知识影响。特别是杰克·古迪（Jack Goody）与斯坦利·汤拜耶（Stanley J. Tambiah）关于非洲锄耕农业社会人群与印度犁耕农业社会人群，在环境、生产方式、婚姻制度与社会文化等方面的比较研究著作《聘金与嫁妆》（*Bridewealth and Dowry*）。后者，汤拜耶教授，在哈佛大学人类学系讲授经济人类学，修习此课让我受益匪浅。当时他的印度腔英文让我感到很痛苦，所以每次听课我必须先做十足的课前阅读，并在课上录音，课后一遍一遍反复地听，也因此这门课我修研得特别深入。在他们合著的《聘金与嫁妆》这本书中，两位作者用聘金与嫁妆这两种婚姻中不同的财产转移制度，分析环境如何影响农业生产方式，生产方式及相关的性别分工如何影响亲属制度、财产传承、女性贞节观。

其他人类学著作如克利福德·格尔茨（Clifford Geertz）的《农业的内卷化：印度尼西亚生态变迁的过程》（*Agriculture Involution: The Process of Ecological Change in Indonesia*）、詹姆斯·斯科特（James C. Scott）所著《农民的道德经济学：东南亚的反叛与生存》（*The Moral Economy of the Peasant: Rebellion and Subsistence in Southeast Asia*）、费雷德里·巴斯（Fredrik Barth）之《波斯南部的游牧人群：哈姆塞邦联的巴涉利人》（*Nomads of South Persia: The Basseri Tribe of the Khamseh Confederacy*）等，作者们从各方面强调人们所居环境、经济生业活动与其社会组织、文化行为之间的密切关系。无论是环境变化，生业改变，或时代与外在社会变迁，而造成任何一环节无法配合（如环境无法负担、社会分配不公造成人群冲突），便容易出现整体系统恶化，或崩溃。这便是人类生态的整体性。

第二，在我自身之学术研究方面。首先，我对人类生态的了解与我多年来进行的羌族研究，或更广泛的青藏高原东缘之村寨社会研究，有很密切的关系。我进行的主要是一种类似历史人类学的考察。我最初研究的主题是20世纪上半叶本地村寨人群的族群认同与历史记忆，及其近现代变迁。受到前述人类学知识背景的影响，实际上我关注当地整体环境、生计、社会（族群认同为其一部分）、文化（历史记忆包含其中），也因此形塑了我对人类生态的理解。以下我对此作些说明。

岷江上游的羌、藏族地区有特别的自然环境，就是青藏高原东部边缘的高山纵谷。人们生存其间的环境，不只是自然环境及其资源，还包括人为划分的地盘界线：我们的地盘，他们的地盘；神圣的空间，邪恶或污秽的空间；安全的环境空间，危厄的环境空间，等等。这些实质存在的或想象中的空间及其界线，都在本地社会文化下被创造及强化，影响人们在环境中的活动范围与对环境资源的利用。在生计方面，过去人们用多元的手段来利用环境资源。在村寨附近的坡地上种一些作物，在高山上挖药、捡菌菇，以及打猎、砍柴，在更高的山上放养牦牛。农闲时男子到外面打工做买卖，也是本地悠久的生计传统之一。

由于生产所需，也由于生存资源十分有限，人们结为各种社会群体来合作生产，并共同保护本地环境资源。如此形成一个个由小而大、由内而外、由亲到疏的社群，如家庭、家门、本寨人、本村人、本沟人等。大家彼此合作保护本地地盘资源，又彼此区分你我的地盘，甚至各社群间经常为此有冲突与纠纷。为了生存于这样的环境，为维持生计秩序与避免同邻近人群的冲突，以及为维持各人群间的认同与彼此区分，在当地人群间逐渐发展出一些文化。如将村寨上方的一片森林神圣化的神树林崇拜文化，有益于保障村寨上方的水土安全；对作为地盘保护神之家神与一级级山神的敬拜文化，强调对一层层由内而外的人群地盘界线的尊重；村寨妇女服饰，强调本村寨与邻近村寨间的区分；弟兄祖先历史记忆，强化邻近社群彼此既合作又区分、对抗的紧密关系。这些，在后面各章中会有详细的说明。

另外，在写作《游牧者的抉择：面对汉帝国的北亚游牧民族》一书时，我以从羌族田野所得的人类生态概念框架与知识来探讨古代中国北方三种游牧社会类型：东北的森林草原游牧、半游牧或混合生业类型，正北的草原游牧类型，以及青藏高原的高地草原游牧类型。这三种游牧（及与其他生业混合）社会类型，产生于不同的自然环境。由于环境差异，人们放养的草食动物及其比例、游牧迁徙方式，以及牧业外的辅助性生业，都有或多或少的不同。由于环境与生计活动上的差异，在面对汉朝之边境扩张与封禁政策时，三地的游牧部族由基本的游牧生产组织（家庭与牧团），到较高层的政治社会组织（如部落、部落联盟、国家），都自有其特色。虽然无可否认，三地内部都有些多元区域环境，以及由此造成的生计与社会组织上的差异，但基本上这三种人类生态类型是存在的，并造成历史上的一些具结构性的、不断发生的现象。如正北的草原游牧人群，在历史上不断组成具一定规模的游牧政权，以突破中原王朝的长城封锁线。青藏高原的高地草原游牧人群，部落组织间经常彼此侵伐，并且除了吐蕃王国时期之外，他们经常只能短暂地组成部落联盟来与中原王朝对抗。东北方森林草原地带的游牧、半游牧部族及其他生计人群，则常结为部落联盟向南进入长城，或向西入主蒙古草原，而其部落联盟政治组织也在此过程中发生变化——或解体而变为中央化国家以统治长城内子民，或扩大而纳入更多的草原部族。

总之，在本书中我所强调的人类生态四

大要素——环境、生计、社会、文化——及
其整体性，主要来自我的羌族田野研究，以
及我对汉代北方游牧部族的研究。因此，在
本书中我也将常以这些田野所见的例子来对
人类生态作说明。

第三，社会现实与社会实践方面。在此
方面最深刻影响我对人类生态之体认的，也
是最能印证人类生态之重要性的，便是2008
年的汶川大地震。地震发生后，我十分关心
救灾与灾后重建的问题。虽然无法到灾区
去，但我和许多志愿者、国内外的救灾与援
助团体经常保持联系。我也因此接触到各方
面的专家，如地质与环境科学、地球物理、
建筑、经济、社会工作等。这情况便是，当
一地社会受到极大破坏而亟待复建时，该如
何重建？建成什么样子？何者最重要？这些
问题最能展现各学科对"社会"的不同意象
与认识，也能展现各学科对人类社会的贡
献。在此，人文社会科学学者也当反思我们
对社会的认识，以及我们能为社会贡献些

什么。

当时发生了一件事。汶川县的龙溪沟是个重灾区。这条沟很深，里面村寨多、人口众。地质与环境专家都认为这地方已十分危险，完全不适合人居，建议将居民全撤出来，设法易地搬迁。据称，当时便撤了将近2000人，先安置在汶川县城南棋盘沟附近的救灾帐篷中。那个时候是7月，非常热，这些人住在帐篷里，忍受酷暑，等待迁到川南某地去。就在这时，许多人文社会特别是民族文化方面的考虑被提出来：若将这些羌族村寨居民异地安置，羌族语言、文化不久就会消失，他们的羌族认同也会动摇。在自然科学与人文社会科学之意见相歧下，本地政府似乎也觉得此事复杂，一时难以作决定。结果住在帐篷中的村民们耐不住高温与生活不便，纷纷搬回山上去，异地安置之事不了了之。次年，在当地政府的极力劝导下，才有几个村寨的民众（七八百人）迁去川南的邛徕县。

这个例子让我们思考一个问题：为什么

民族认同与文化这么重要，甚至于比人们的生命更重要？更值得深思的是：民族与文化究竟是什么？是谁界定及强调的"民族"与"文化"概念？在救灾及灾后重建时，每个人是以国民身份还是其民族身份接受社会的救助与安顿？后来作为熟悉羌族文化的学者，我接触了不少灾后重建项目，也成为一些项目的顾问。我注意到，许多灾后重建的款项被花在十分刻板地复制羌族文化上，而不考虑是否实用，或对人们是不是有实质意义。以羌族村寨建筑文化来说，羌族村寨都是石头建筑，整个村寨房屋户户相连，紧紧靠在一起。窗子屋内开口大、向外开口小，显然既是为了防卫又希望得到更多光线。高墙上有对外放枪的孔。村寨中或还有高耸的石碉楼，这是具警戒防卫功能的构筑。所有这些建筑"文化"是在过去孤立的村寨认同下，以及与邻近村寨间经常彼此冲突和防范的社会情境下产生的。那么，今日为何仍鼓励羌族民众在生活中实践此种文化？

2008 年春，我得到台湾蒋经国基金会的支持，与几位大陆学界的朋友共同进行青藏高原东缘（藏彝走廊）的山神社会研究。这一年汶川地震发生后，我们的田野研究受到很大的影响。同时我认为震灾与灾后重建会让社会变迁加速，很多本土文化将消失得更快。因此在得到蒋经国基金会的同意后，我将该研究计划变为资料收集计划，将部分经费用于支持一些合作学者的博硕士生（其研究主题都聚焦于青藏高原东缘），让他们得以更深入地搜集各地田野材料。当时我遭遇一个困难：这些研究生来自各高校各学科，对社会人类学所知深浅有别，如何让他们所采集的社会文化材料具有共同结构以利后续的比较研究，是一重大问题。为解决此问题，我为他们进行田野重点讲解，并列出一些该在田野观察、探询时关注的关键问题——环境、生计、社会、文化，这些便是田野考察要点。我对人类生态的概念就在那时初步形成。

后来，2015 年我出版的《反思史学与史学反思：文本与表征分析》一书，第三章"人类社会的基本面貌"，指的便是人类生态。我对此的看法，在这本书里更清楚地表达出来。这虽然是一本关于知识产生的认识论和方法论的书，但是我认为先说明"人类生态"，让读者对人类生态有基本认识后，则本书后面几章的论述较不易沦为理论空谈。在这本书中，我将环境、生计、社会作为人类生态的本相，将文化与文化表征视为人类生态的表相。以此将它与皮埃尔·布迪厄（Pierre Bourdieu）践行理论（the theory of practice）之核心——表相产生的本相（the reality of representation）和本相产生的表相（the representation of reality）——结合起来。这是我对"人类生态"的一特殊看法。在本书第六章我会详细解释。

2018—2022 年我担任"台湾农村社会文化调查计划"（以下简称"农村计划"）的总主持人。这是我所服务的"中研院"与台

湾"农业委员会"合作的大型计划项目，由
"中研院"三个研究所、一个研究中心，与台
湾东部、南部各一所大学共同执行。计划目
标在于为台湾"农村再生"提供必要的人文
社会背景材料与知识。我为此计划作的规划
（也是人力、时间和经费配置原则）是：资
料搜集占70%，研究工作占20%，社会实践
占10%。如此规划是我的人文社会研究理想：
研究须针对社会实务，须建立在扎实的资料
基础上，须慎于社会实践。因此，这并不是
一个研究计划，而是以资料收集、分析为主
的计划。对于此计划的主要工作——田野采
访与资料搜集，我规划的整体架构便是人类
生态。也就是说，在如何振兴农村与农业这
件事上，我们必须兼顾环境、生计、社会、
文化各面相，并注意它们之间的综错关系。
因此我们的资料搜集（与数据库架构）内容，
主要便是环境、生计、社会、文化四大项目，
在各大项下再细分各分项主题，总共有24个
分项主题。在这一计划执行的四年中，我经

常到台湾全省各地农村（田野考察点）探望
计划工作伙伴，听他们以及本地人述说当地
情况。我也选择一高山族乡（新竹尖石乡）
作为自己的田野点，从事些简单的考察访谈。
因此这计划也让我对人类生态有更深刻及更
务实的认识。

　　以上便是我对人类生态之认识的研究思
考过程。借此也可说明人类生态概念与知识
在人文与社会科学研究上的重要性。首先，
作为"人类社会的基本面貌"，如我在《反
思史学与史学反思：文本与表征分析》中所
称，它可以让我们对人类社会有整体的了解，
因而对于各有研究焦点、偏向的人文社会科
学学者，特别是初入此门的学子，能有很大
的帮助。其次，在面对许多涉及环境保护、
经济开发、社群认同、社会公平性，以及相
关的文化实践与其价值等问题时（譬如如何
振兴农业与农村），人类生态概念及相关知
识能让我们从整体及各方面的关联性来进行
思考和判断。最后，今日全球化带来原料、

资本、劳动力、技术、消费市场之全球流动，也因此造成各种政治、商业、社会、宗教秩序和价值观之对立与冲突，以及过度消费文化带来的环境危机问题。在此情况下，人类生态思考方式的推广，或能让人们注重全球各地人类生态之特性，而得以彼此尊重，以避免全球化商业与政治强权相竞下日趋严重的国际冲突。

2

环　境

人类生态的基本场景为环境，人们皆生存于特定环境中。所谓环境，包括自然环境，也包括经过人们修饰、改造、建设的环境。对人们而言，环境不只是有地理特性的空间，更重要的是其中有可为人们所用的资源：自然资源如水、阳光、土壤，人为创造、赋予的资源，如国家给予特定地区的补助。更重要的，因为生存竞争，人们所居环境中有人为设立的种种边界。在这一章中我们将一一说明。

　　自然地理与人为环境　客观的地形地貌，如溪河、海岸、高山、盆地、沙漠，环境中的海拔、气温、雨量、土壤特质（如其物理、化学与生物性），以及人类创造的地景，如农田、公园、工厂、人工树林、海港、都市、公园等，都是地理环境的一部分。当我们用一个词来称呼某种客观存在的地理环境时，又添上了我们对它的主观认识、意象与情感。譬如，什么是盆地，什么是平原，什么是"坝子"，粗看来它们都指的是一大片平地。1990年代我在羌族地区作田野调查，一次我乘坐公交车从松潘往成都去。经过茂县时，我身边坐着的一位自松潘上车的羌族少年，靠在车窗边望着外面的地景，喃喃自语地说，"好大的坝子"。其实，此处岷江边的河阶台地一般不过是两三百米宽，但是对松潘来的那位少年来说，那就是"好大的坝子"了。后来我的田野地点扩及大渡河流域的嘉绒藏族地区与凉山的彝族地区，我逐渐体认他们使用许多地理环境词语（以四川话）如坝子、林子、地盘、海子、阳山、内沟时，常因个人或社群之生活经验而产生不同的定义与价值、情感。如阴山（上午照不到太阳的山坡面）、阳山（上午照得到太阳或整天日照时间较长的山坡面）的环境好坏分别，在愈高寒的地方人们愈在乎此区分。这也说明环境与生计、文化面相的交叠。

广义的环境还包括很多人为因素，像政治、军事、行政和社会文化等造成的整体的环境。如当前世界关注的焦点地区巴勒斯坦、乌克兰东部省份，以及前几年 ISIS 活动影响下的叙利亚、伊拉克、阿富汗等地。又如与学术资源有关的环境：一所高校，校内的学院、系所，教授与研究生们共同工作的主题研究室，都是一个个涉及群体内外的资源与资源竞争之环境。又如国家及各地方政府对特定地区的补助，或行业、产业规划，造成的特殊环境。譬如许多国家都对原住民地区、少数民族地区以及偏乡、离岛、高山、高原、沙漠地带等有特殊的经济规划，如经济补助、建设经费投入，与某种经济活动特许，如美国部分州对印第安保留区开设赌场的特许，以及更普遍的狩猎、捕鱼、伐木特许。大都会中的贫民区、风化区、外来移民聚居区，以及都市周边的工业区等，都形成一个个有资源、边界与生计竞争的特殊环境。

环境资源 环境资源，指在一定空间环境中人类可利用的自然资源，如土地、水、阳光、动植物等；人为创造的资源，如工商业带来的产品、就职机会与买卖所得利益、前面提及的各级政府对地方的补助、地方公职及其含带的利益，以及各种人力资源；还包括在特定环境场域中象征性资本（symbolic capital）如社会地位、声望（与相关头衔）等众人争夺的资源。以下我对这三类环境资源作些说明。

环境对人类生计活动的影响与限制，经常源于环境中自然资源之种类、多寡、有无，以及是否稳定。以农业来说，四川北部的色达、松潘等地海拔 3600 米以上的地区，由于一年中宜于作物生长温度的时日太短，传统上难以发展农业。然而人们在此得以牧养草食性动物，如羊、牦牛与马，来利用本地丰富的水、草与阳光资源，如此以游牧方式维持生计。在这样的环境中，牦牛本身是环境资源的一部分，而它们又是人们利用环境资源的重要工具。它们不但能以草为食，也能在少草的高海拔苔原上以苔为食；它们强壮的身子与强大的体力，能让它们在深雪覆盖的地区辟雪前行，让羊群与牧人能随之脱离险境。高原上的野生牦牛常闯入牧民的牦牛群中，如此常让驯养牦牛的基因不断得到优化。像这样环境、动物与人类生计间有密切关系的例子，也见于阿拉伯半岛南部空寂区（empty quater）的骆驼与贝都因人游牧生计，南西伯利亚萨彦岭森林地区的驯鹿与图瓦游牧生计。

　　游牧是利用农业难以存继之边缘环境的一种生计方式，因此最能反映环境中自然资源与人类生计活动之间的关系。譬如，东非乌干达、肯尼亚的游牧部族图尔卡纳族，住在稀树草原、沙漠和半沙漠环境，干旱而又雨量不稳定。在这样的环境下，他们利用两类食性不同的草食动物：能啃食荆棘类植物与嫩枝叶且耐渴的羊与骆驼，与仅能食草且喝水较多的牛。在游牧迁徙中家庭成员分为两组，一组人赶着羊与骆驼，一组人领着牛群，走不同的路线以利用不同的环境资源。又如，前面提及的萨彦岭森林地带的驯鹿牧人，他们游牧的泰加林区（Taiga）多溪、湖、沼泽，因而貂、松鼠、雪兔等动物与鱼类，都是牧人们经常捕猎的环境资源。

1990年代在羌族地区一些村寨，我经常看到一些年轻女孩背着厚重的木板——有120—150斤，从深沟里走出来。她们一般是天还没亮就背起木板往沟口去，中午抵达沟口，等着商人来收购。卖完木板，往回走，回到寨子里经常已经天黑了。听说，当时这样一片木板大概卖30元。其实在这一天之前，她们还需把木材从山上砍下来，拖到村寨里，锯成木板，也还要花上一天时间。两天的劳力与木材，换得30元。在外人看来，这十分不合经济原理。然而，深沟村寨与外界交通不易，日常衣食燃料所需基本上可以自给自足，所缺的是购买外来物品的现金。因此，部分男子出外打工，留在村中的男女（通常为女性）利用他们农余的人力，以及林木资源，换取现金，对他们来说这仍是值得从事的工作与买卖。或者，在本地的家庭分工，以及性别与世代分工文化下，年轻女性不得不从事这样的工作。

哪些是可被利用的自然资源，哪些是实际被人们利用的自然资源，在不同时代、地区都因人们的生计、生活与偏好而异。譬如，台湾中央山脉深处的巨木群（如新竹县尖石乡的司马库斯神木），湘西张家界著名的峰林，川西九寨、黄龙等地的高山硫黄彩池溪谷，过去这样的自然环境资源难为人们所用，或只用于狩猎、放牧等特定用途。而至今日这些地方都成了著名的观光景点。这些自然景物一直长期存在，它们成为今日观光资源，是因为现代人的观光消费市场之需求，以及交通建设让人们得以轻松到访。此也说明新的市场需求与交通建设，让人们能利用、开发各种自然环境资源。

阳光、风、雨雪、河流、高山，对不同的人类生计，各有其特殊价值。阳光对植物生长的重要性是不用说的，因而在高山深谷地形环境中，向阳坡的农地是最受重视的。风，对农人来说，可以推动风车转化为灌溉之动力；对牧人来说，在经常有风流动的山坡放牧，牲畜不易受蚊蝇骚扰，更可以避免畜疫。水流，可以推动石磨，产生磨碎谷物的动力，也可以推动转轮产生电力。1990年代我在羌族地区作田野时，许多村寨的家庭用电，仍由本地人建造的小水电站供应。雨雪提供人们各种用途的水资源，然而以何种形式降水（雨、雪、雹）以及何时降水、降在何处，对人们来说都十分关键。如在美国加州，一年中最佳状况是冬季雪厚厚地降在北方绵延的山脉（Sierra Mounts.）上，且春夏山区气温不能太高，如此雪水便能整年源源地流入平原的溪河。许多不宜农业的地方，并非年降水量不足，而是降下的时间、量与地点都不稳定。

今日，风、河流、阳光皆被人们以各种能源设施（发电水坝、巨型风扇、光伏电板）

用来发电，以满足现代都市生活及产业的高用电需求。但由此也产生许多争议。如在台湾南部地区，光伏电板占用了许多原来的农地，改变了电板下的土壤性质，也影响了附近的田地，引发种电与种作物之争。矗立于海岸及浅海的发电风扇，其噪声与风扇光影影响人们的生活，影响水产养殖，也影响近海渔业。

　　人为创造的环境资源，包括各级政府与民间组织补助和投入的种种硬件建设如大桥、道路、高铁、渔港等，以及由此带来的产品、工作机会、市场需求，也包括各种公私团体投入的教育、医疗、休闲、观光、交通、文化建设等资源。这些资源之间彼此相依，经常又能产生新的资源。如教育资源投入可以产生具特定职技与知识能力的人力资源。又如，依我过去的田野经验，有些羌族家庭十分重视子女教育，乃因在此民族地区许多公职机会保留给本地少数民族，受教育是得到这些公职资源的途径。

象征性资本、资源，指的是在社会群体以及社会生活中，让一个人得到优于他人之地位的那些资源。世袭的家族官爵、声望、优越的祖源记忆，以及地方上的头人、村长、寺庙的主事等，都可以成为大家渴望获得的象征性资本。在地方上，一个人能获得声誉、地位、文化、道德价值——无论由家世或自己争取得来，由此能掌握相当的社会权力。在台湾农村社会调查中，我曾听得一段很有意思的谈话。一位在地方上颇具声望的老先生，婉拒当地人请他担任一庙宇总干事。他说，我老了要退休了，但是你们看我儿子，四个工厂的厂长，名片拿出来除了名字外还没有别的头衔……他希望大家让他儿子去当那寺庙的理事长。在社会上最普遍的，对人慷慨，无论物质、劳力还是精神上对他人的慷慨付出，都能换得他人的尊敬、感谢与亏欠感，因而得以累积个人的象征性资本。所以物质性资源可以换得象征性资源，相反的，象征性资源也可以换来物质性资源。这涉及经济人类学中的交换理论，我们在第 3 章中再详述。总之，在我们的生计活动里，人们不只是赚钱以得到更好的生活、争夺与享用更好的物资，地方上的头衔、地位、声望常常也是大家努力争取的社会资源。

领域和边界 领域和边界指的是，在人类资源竞争、分配及管理下人为建构的空间边界，无论是否有实质性的隔绝构筑。譬如，国家边界、各家的田界、各村里的边界、公园及其他设施所建立的边界、工厂及私人产业之边界。这些环境空间领域及其边界，经常与社会人群之结群及其边界，如某国人、某家的人、某家族的人、某村庄的人、某族群的人、某公司或工厂员工等相配合，以限定及排除可以分享空间资源的人群。因此上述地理空间及其边界或有客观、实质存在，或只存在于人们的社会文化建构与认知；它们可能是明确而截然区分的边界，也可能是模糊的或常移动的边界。

自然地理原来便有一些边界，如海和陆

地之间的边界，平原和山地之间的边界，隔开两面山坡的山梁边界，等等。人类社群设定的空间边界，常借着这些自然地理边界来作区分。人们常说"山分梁子水分亲"，指的便是一条河、一个山梁两边居民的亲缘关系较远。除了国家领土、村寨地盘、各家的田等与资源共享、竞争和垄断有关的边界外，人们还以文化建构其他性质的空间与边缘，如神圣不可侵犯的空间、污秽邪恶的空间，以及屋室内男人和女人的专属空间。

社会建构的空间及其边界有不同的主客观性质。有宽松、模糊的边界，有严格且截然划分的边界；有实质建筑物隔绝内外的边界，也有缺乏实质隔绝构筑但依然严格划分的边界。这与人们对各种空间边界的文化价值与伦理道德观有密切关联。譬如，对于社群（如一个寨子）的地盘界线，过去在岷江上游的羌、藏族地区，每一家庭、家族与一个寨子的地盘，一条沟所有村寨共同的地盘，边界都非常清楚、严格。虽然没有很明显的边界隔绝线，但是大家心中都知道并尊重种种边界，知道自己可以在哪儿种地，在哪儿伐木、砍柴、挖药、打猎、放牧。羌族、藏族有许多宗教文化与历史记忆，让人们注重我群、他群的地盘界线。然而凉山彝族便缺乏类似的强调各社群地盘界线的文化。这方面涉及文化，我们在第 5 章再多加说明。

有具体的阻隔物的边界，便如我国古代的长城，隔阻北方游牧部族的南下，也防禁关内边民出关。当代欧盟各国之间，原来大多是没有明显边界的。2019 年我为了研究欧洲猎女巫的历史，曾有几天驾车往返捷克与波兰边境乡镇间，几度经过两国边界都浑然无感。然而也在那些年，有些欧盟国家开始筑墙防堵北非与西亚难民。而北非与西亚之所以有大量难民逃往欧洲，除了当时各国的政治、经济动荡外，一个重要历史因素则是欧洲殖民国家（如英、法、德、比、荷、葡等国）于 19 世纪之柏林会议（1884—1885）至 20 世纪上半叶，经过一连串你争我夺的会商与协议，将非洲瓜分为各国势力范围下的数十个国家，因而其边界只考虑各殖民国家利益与便利（如以几何线条与角度划界），而未顾及当地族群、宗教和语言群体区分。后来非洲各国间及各国内部的许多政治动乱，以及生计灾难，皆与这些人为划定的国家边界有关。还有便是，联合国及各发达国家之保护野生动物国际组织，在非洲各国建立多个野生动物保护区与国家公园，它们所占空间及其边界，破坏及阻挡了很多游耕、游牧、游猎人群的移动路线，此也是造成当地人群生计灾难的原因之一。非洲的例子最能说明人类生态的重要性，以及破坏人类生态造成的悲剧，我们将在后面详细说明。

如同近代非洲的例子，环境空间边界一般皆涉及人群间的资源分配、垄断与竞争，因而也涉及社会权力——掌控或被剥夺利用环境空间的权力。台湾新竹县尖石乡的高山族泰雅族群，多年来在休闲产业资本侵入下，逐渐失去他们的传统家园，或其各种生活与

图 2-1　川西松潘小姓沟埃期村山上的
　　　　草场及牦牛

　　约在 1999 年退耕还林政策在长江上游
开始实行后，由于坡地无法耕作，山上用
来牧养牦牛的草场资源便更重要了。因资
源争夺，各村、各寨的草场边界逐渐趋于
严格划分。

生计活动深受各种边界限制。譬如，沿着溪
河的土地被休闲业者买下，开辟成露营地或
休闲农场，让本地人进入溪谷都有困难。往
山上去，也多有森林管理与公园等机构设下
的边界，以及活动禁令（如禁猎、禁伐及禁
河中捕捞），深深影响他们的生计。

环境空间边界，涉及人类社群的领域性（territoriality），以及空间领域的使用权与所有权。人类的领域性与其社会结群有关，人们凝聚为一个村寨群体，还是凝聚为一个部落、部落联盟、国家社群，对于领域的要求是不一样的。更值得思考的是，为何人们有时结为鸡犬相闻的小区域社群，有时结为广土众民的帝国？此问题我们将在第4章讨论。在这儿我只举一简单原则：人类领域大小及其边界所在，是对扩张和维护领域及其边界获得的利益，与因此付出的代价，这两者间的经济利害加以考虑，得出的结果。譬如，对中国历代长城的位置便可循此思考：长城北推得到的利益，与维护、防御长城付出的代价，对两者作折中考虑。无论如何，这只是一种理性选择之原则，而人们的行为经常违反所谓的理性。

关于空间领域的使用权与所有权问题，譬如，对有些游牧部族而言，土地领域的所有权并无意义，他们难以也无必要整年守护着本牧团、家族或部落领土；对他们来说，重要的是季节性迁移路线，与游牧关键季节（如夏、冬）草场的使用权，如特定地区的草场须留待牧民秋冬之用，因而无论本群体或外人都不能提前进入这些草场放牧。台湾高山族各部落过去打猎活动的领域范围，也涉及环境资源的使用权与所有权问题，以及模糊、移动边界与固定边界之争。这涉及各族、各部落对森林狩猎的生计依赖程度，以及各方势力强弱。一般来说，他们强调的仍为使用权，且边界模糊：一个部落与邻近部落间的猎场边界，每一部落内部家族和家族间的猎场边界，靠着约定俗成的边界概念。所以，当一些台湾官方机构、高山族团体与学术团体，尝试绘制高山族各族群的传统部落地图时，便产生许多争议。一般家户亦有类似问题。我采访过的一个泰雅人便遭遇过土地分割问题。先是有人买了他邻人的土地，对方找地方政府户政单位来丈量及分割土地，就这样将"他的土地"切割去一部分。他说，过去他们没有私有土地的概念，只是习惯上谁用哪块地大家都知道并尊重，没料到官方机构在纸上画线就可以让他失去自己惯用的土地。

环境中的危害因素　这是指对人类生存与生计有害的环境因素。以农业生计来说，如过多过少或不稳定的降水量，一年中低温的日子过多，整年或一日之中日照时间不足，作物不宜生长的海拔与坡度，地震或风灾等自然灾害，空气与水污染，等等，都是不利因素。以高山农业来说，寒害及泥石流都是环境危害因素。以牧业来说，太潮湿的土地对养羊是危害因素，对牛却不会造成太大影响，反而缺水干旱对牛是环境危害因素。

环境危害因素并不是绝对的，而是取决于对哪些人有危害，以及在哪些方面造成危害。譬如，许多人认为羊啃食草过于接近草的根部，容易破坏草场造成沙化，因而将养羊放牧视为危害环境的生计活动。然而牧民一般都不同意此说。人类游牧已有两三千年历史，游牧者自然知道如何放羊才不致破坏草场，而能永续经营。事实上，传统放牧的确不致破坏草场环境，而且今日牧民已非传统游牧者。简单地说，破坏草场的并非羊，而是资本主义下的牧业经济动机。另外值得一提的是，许多传统上行游牧的地区，皆因缺水或水资源不稳定而无法发展农业。因此在牧区（特别是高山的山麓）挖矿的产业活动，因常挖断高山流下的浅层水脉，极易造成大面积草场缺水而使草枯死，而这也是造成草场沙化的重要因素之一。

当代许多对人们的生活及生计产生危害的环境因素，是人类生计及产业活动造成的，如各种产业活动产生的化学与生物性污染物。如在台湾，由于污水处理的埋管率低，许多家庭废水与工业废水皆直接排入沟渠、河道，也因未花钱处理废水，水费便宜，造成一般家庭用水浪费的文化，进一步加剧河川污染。如此之恶性循环，让近海渔业及沿海养殖业大受打击，也危害民众的食品与生活环境安全。相对的如日本，彻底的污水与自然水分开处理，造成高水费与一般民众节约用水的文化，如让台湾民众觉得不可思议的，一家人共浴或一缸水大家轮流洗浴的文化。然而此也让日本沿海渔业得以永续，并支持日本人偏爱海产的饮食文化。这也说明环境、生计、社会、文化交错的整体人类生态考虑的重要性。

环境与交通　有些环境如平原、河谷，便于人类交通；另一些如高山、深谷，则成为交通险阻。在历史过程中人类克服了许多对交通不利的环境，如海洋、大河，让它们成为重要交通管道。如今河、海、公路、铁路、飞机等都能为人员和物流提供便捷的交通，改变人们的生计、社会结群与文化习俗。对于人们的生计安全来说，交通险阻的环境不一定是坏的——"天高皇帝远"。如过去（20世纪上半叶）的岷江上游山区，尔玛（今羌族）村寨皆建在高山深谷的半山腰上。由于易遭抢（匪或兵），靠交通要道或近河坝的地方无人敢居住。过去有些游牧人群亦然，如沙特阿拉伯南部沙漠中的贝都因牧民，他们感到一年中最自由、安全的时日是深入沙漠放牧的季节。然而如此孤立而与世隔绝的人类生态毕竟极少，且几乎都已成过去。无论农、牧还是其他生计，皆离不开市场，只是依赖程度不同。市场的规模与形态不同，因而交通是否便利影响人们的生计活动。在亚洲内陆许多游牧地区，接近市场且交通便利的牧民养绵羊较多，远离市场且交通不便的牧民则多养山羊；前者为市场取向之游牧，后者为家庭生计取向之游牧。

台湾高山族的农业也有类似情况。距市场较近且交通无碍的地区，以种植蔬果供应市场为目标。有些距离市场较远且道路经常不通的山区居民，便倾向于种植多种作物，以自食或与邻人交换。在台湾以及许多其他地方，市场不只是狭义的交通问题，也涉及广义的交通——信息沟通。在传统社会人们靠着交通获得外界信息，建立与外界的往来，影响人们与外界人群的亲疏关系。世界上许多传统农村及游牧人群都常有一项风俗，好款待"远客"，此也由于远客能带来难得的外在世界信息。如今人们可通过电话、手机、互联网等信息媒介与外在世界沟通。因此一地方，如偏远山区，是否能接收电信、电视与互联网等信息，成为重要的环境交通因素；同样重要的是，人们是否有能力利用这些工具获得信息。产品的运输及销售渠道，农业知识的获得与交流，国内及国际农粮市场价格与波动规则，都赖当代农民是否有足够的交通与信息资源。

3

生　计

人类生计，简单地说，便是人们追求生存与更好生活的种种策略。在一个特定环境里，人们用各种生计策略来获得生存资源，并且和他人交换以及通过群体内的分配，来满足所需。"靠山吃山，靠水吃水"，人们的生计和所处环境关系密切。环境限制某些生计的发展，譬如过于干旱的环境难以从事农业生产。然而当代人们可以克服许多环境障碍，来从事过去不可能的生计活动。或者，从新石器时代以来人类便一直在努力克服种种环境限制，以不断追求更安全、富足的生活。

经济理性与生计策略　追求较好生活的生计策略，也可说是人类经济动机、理性。我们可以区分两种生计策略或经济动机：其一是追求最大的利益，其二是追求最小的风险。或者，两者兼顾也是一种经济考虑。1990 年代我在羌族地区作田野调查时，许多本地村寨人群的农作习惯仍在追求最小风险的模式里，特别是交通不便的偏远山区。过去本地尔玛村寨人群的传统农业中，从事田里劳动的，以及决定该种什么作物的，主要是家户里的女主人——母亲。母亲的主要考虑是，不能让家里人饿肚子，不能有绝粮的危险。所以这些村寨女性常常种十多种不同的谷类、叶菜、根茎类农作物。我们可以想见，那么多种植物，各有特定种植与收获季节，有不同的照顾方式，必然让女性一年大多数月份都在田里忙着。那么，这样是不是有违经济与效益原则？不然。事实上这便是追求最小风险的经济法则：种多种作物，可以分散风险，如当年某些作物因季节不宜或其他因素而歉收，但只要有部分种类作物有了收获，一家人便不至于挨饿。

追求最大利益的经济动机当时也是有的。那时花椒、苹果这一类作物的市场价格非常好，沿着河坝一带日照好的地方，人们纷纷种起花椒、苹果、李子。因此那些年我常常听到一些年轻人抱怨他们的母亲顽固、守旧，坚持传统农作习惯，不肯将田地全部改种花椒、苹果。其实这背后是不同的生计与经济理性考虑。一般来讲，在越接近市场、接近交通路线，以及越没有生计风险的情况下，人们越倾向于追求最大利益。上一章中我曾提及游牧人群的例子。他们的经济理性思虑也是如此，对此我多作些说明。山羊抗病力强、产乳量高、耐渴，并能以旱地粗糙的荆棘与矮树枝叶为食，但肉、毛的市场价格不如绵羊（特殊品种山羊除外）。因此住在偏远山区的牧民，为了能安全地养活一家人，必须多养山羊，这是最小风险的游牧生计。相反，离城镇市场及交通线较近的游牧人群，生计有困难时较容易得到援助，便倾向于多养绵羊以追求最大利益，赚得更多的现金，这是最大利益的经济考虑。而如果一个富裕牧人在近城镇的地方买了一个枣园，有了卖枣子的收入，这一方面是在追求最大利益，另一方面，也可说是出于追求最小风险的经济考虑。因为他将生计风险分散在农、牧两种生计中，而让自己感到更安全。

追求最大利益或最小风险，或为生计安全而采取多元的生计策略，也见于台湾高山族的生计与职业选择中。在台湾新竹县尖石乡，许多高山族人从事果树种植。每年4月是个关键时期，若大雨、冰雹或其他异常气候因素让果树开花、挂果不理想，他们便会设法从事其他生计行业，或专注于其他农作如叶菜、根茎类作物的种植。在高山族居住的山区，家庭小型农业风险高、利益薄，因而许多从事农作的是退休的高山族公务员、军人、警察。台湾许多高山族人追求公务员及军警等公职，也因为这可说是利益（薪资）虽不高但风险低（职业有保障）的生计。他们退休后有退休金支持，因此从事农业无后顾之忧。台北县乌来乡有些泰雅高山族人，因家庭农业规模小而无市场渠道，常种植多种蔬果、根茎作物，自食以及和家族亲友分享、交换。如此亦可见，在特定生产环境下，家族社会与分食文化，皆为稳定人们生计的策略——环境、生计、社会、文化之交错关系便在于此。

主要生计与辅助性生计　对人类生计人们常有一种错误认知或偏见，那便是称某人群是农耕或游牧人群时，只注意他们所从事的特定生计（农业或牧业），忽略实际上人们常从事多种生计活动。以农民来说，除了当代专业农民外，传统农民皆从事多种生计活动。譬如采集，在田边、野外捡或捕捉些田螺、蜗牛、野鼠、蛇、鱼类，以及挖些菌菇、野菜、根薯等；手工制造，做些简单家用篮、篾、桶等工具；商业交换，将采集的"野味"或自家制造的用具拿到市集上贩卖。游牧人群更是如此。有些学者认为游牧不是一种能让人们完全自给自足的生计手段，而必须配合其他一些生产活动。最常见的，如简单的农作，采集与渔猎、贸易、掠夺。反而，这些辅助性生计经常影响他们与其他人群（特别是定居城镇与村落人群）的关系，更因此影响他们的社会结构。这部分我们将在第4章说明。

什么是主要生计与辅助性生计，以及为何人们容易忽略后者，涉及人们对生计贡献的主观认知与客观事实差距。譬如，据我过去的田野观察所见，羌族村寨女性在日常生活与生产劳动上付出非常多的劳力，尤其是在农事生产上，对家庭生计的贡献非常大。村寨女性可说是一生辛劳。我经常见到十三四岁的女孩子，一早就挑着沉重水担，多趟来回于家里和山泉水源地，将厨房的大石缸储满水，或挑着粪水桶到山上坡田处浇洒。然而和她们谈起其工作辛劳时，她们却经常称自己的工作不算辛苦，男人出外找钱（赚取现金的活动如做买卖或打工）才辛苦。类似的例子是，人们常认为狩猎、采集（或渔猎）社会的人主要靠打猎或捕鱼过活。然而有些人类学著作如马歇尔·萨林斯（Marshall Sahlins）的《石器时代经济》（*Stone Age Economics*）指出，若计算各种来源之食物对人体提供的养分、数量及其稳定性，那么主要由女人和小孩从事的采集，才是狩猎采集家庭食物最主要及稳定的来源。无论如何，在普遍的人类家庭、社会与性别文化下，人们经常强调的是男性从事的生计活动，并反映在宗教、礼仪、节庆、歌谣等文化上，因而也误导人们的认知。

生产、消费、市场　生计中的生产与消费活动发生在何种地域与人群范围内，影响这些活动的性质、形式与规模。首先，生产与消费有家庭式的、地方性的，以及跨地域（或国家）之市场取向的。家庭式的，如前面提到的以养活一家人为目的，因而追求最低生计风险的生产方式，产品消费也只在家庭中。地域性的生产消费，一般指一个或几个邻近乡村构成的小地域范围之生产与消费圈，在此人们大多彼此相识或彼此知晓。人们的劳动生产一部分供自家所用，一部分在定期

图 3-1 四川省阿坝藏族羌族自治州的
茂县街头市场

摄于 1990 年代的一年春节之前。四方
山村民众都来此出售他们的农牧产品与山
产，也购些年货及日用品。

市集或其他场所和他人行买卖交换。市场取
向的生产与消费，范围由一地方城镇中心及
其邻近乡镇构成的市场圈，及至全球性市场。
生产主要为供应各级市场，消费也由各种市
场渠道获得。

无论是中文的"市场"还是英文的
"market"，意义都非常多元、丰富。简单地讲，市场是物资集中、调度、交换的场域。传统街市、农贸市场、商贸大楼、大型购物中心，都是有实质空间或亦有固定建筑物的市场。另外还有不占实质空间、建筑物的市场，如某种商品的整体市场、网络市场。

以买黄豆来讲，在传统市场买黄豆，在大型购物中心买一袋包装精美的黄豆，在全国市场上视价格、产区订购大量黄豆，以及在全球期货市场上买黄豆期货，涉及不同性质的市场、不同的市场运作法则，以及不同的买卖方互动行为。在传统市场里，一般而言，买卖双方对商品与价格信息掌握得很好，因而双方易达成共识。然而在资本主义的全球化市场里，信息是可以被利用的，甚至是可被操作的，涉及的层面也远非供需间的差距与平衡。以当代手机全球市场来说，业界的竞争与不断的发明、创新，让消费者得以享受手机带来的便利，这是此市场的优点。但是无可否认的是，商业宣传手法以及此科技产品造成的生活改变，刺激高消费需求，为业者创造丰厚利润，同时也（因科技与信息落差）加深当代世界各国之间以及各国内部社会人群间的不平等。

投机、隐瞒信息或创造假信息，以及阻碍流通，是当代市场常见的获利手法。在台湾，有些农产品产销系统上游的大商家，常囤积一些比较容易储积的农产品，如大蒜，以此阻碍商品流通，造成匮乏与需求，因而可提高商品的市场价格。另外，丰年水果价格低，歉收之年水果价格高，这是市场常态。然而果商为了操控市场价格，常以种种手法逼得果农将丰产的水果销毁，如此让消费者仍然吃不到便宜的水果，果农收益受到损害，而只是满足了商人的利益。

交换 市场里的买卖是一种交换行为。人类学所讲的交换，是一些涉及层面非常广且复杂的人际互动行为。因而交换不一定是在市场，交换的结果也不一定是互不相欠。交换造成一种交互关系，甚至于男女朋友之间的交往都是一种交换造成的交互行为。如

果您的女友（或男友）常常抱怨您亏欠她
（他），这是好事，因为有亏欠才有相互关系。
如果两个人互不亏欠，那么关系就会越来越
冷淡。因为感觉有亏欠，所以送对方一点小
礼物；收礼者因此感到亏欠，所以又回礼。
如此礼尚往来，此种交互关系维系及规划双
方的社会关系。

图3-2　川西阿坝州茂县街市（1990年代）
　　在图中的集市上，哪条沟的花椒好，哪条
沟的药材、菌菇好，大家都非常清楚。人们以
服饰辨别卖家来自何地，便趋前挑货满足自己
的需求。

人类学家将交互关系分为正面交互关系（positive reciprocity）、对等交互关系（balanced reciprocity）和负面交互关系（negative reciprocity）。正面交互关系，如一家庭内之生产与消费产生的交换关系。在此，成员（如父母）的付出是无私的、基于情感的，无须对方（如子女）对等回报。对等交互关系，如在一村庄或小市镇中的人际交换关系，无论以物易物或以钱易物，都讲求对等。也就是说，在人与人间经常面对面交往的生产与消费圈中，各种社会关系与个人社会身份会影响交换行为，因而人际交换关系是正面的或平衡的（对等的），出于对个人声望、地位与面子等社会因素的考虑，你欺我诈的买卖交换行为不易发生。而后者——你欺我诈的买卖行为，便是负面交互关系的一种。如在一大城市或更大地域中之市场取向的生产与消费交换，由于买卖双方彼此无社会关系，平衡与负面交互关系便成为一般行为模式。商家希望多赚得些利益，买家希望物超所值，至少双方不吃亏。事实上，人类社会中的交换与因此造成的交互关系，经常难以说哪些是正面的、对等的或负面的。譬如，抢劫、偷窃似乎毫无疑问是一种负面交互关系，然而在有些社会里只有抢劫本地人、本部落的人才是坏人，抢劫外人的是英雄。一般生意买卖应是平衡的交互关系，然而买卖双方谁不想占点小便宜？父母对子女的付出应是正面交互关系，但是养儿防老之说表现出的又是平衡交互关系。

人类为了生存，彼此间常需分享、互助、合作。换工，在很多社会里面都有此文化习俗。今天你忙的时候我来帮助你，明天我忙的时候你来帮助我。还有就是邻里之间、亲戚之间的互助，以及礼物往来。礼物交换在维持人际关系时非常重要。有一年我在茂县永和沟羌族村寨中过年，观察到他们的送礼习俗。女孩子们背着竹篓进进出出，竹篓里面都是些糖果和面条等。她们将竹背篓装得满满地出门，送完再回来装礼品。据说是全村每个家户都要送年礼，一家都不能漏掉。这也显示在这样一般有 30—70 户的小村落中人际关系之紧密。

交换不仅是用有客观价值的物质与金钱，也可以将具主观社会价值的身份、地位、荣誉、信用、威望当作交换物。这可说是物质与精神世界间的交换。譬如慷慨，人们常说领袖要慷慨（be leader be generous）。这就是说，一个社群的领袖对大众慷慨付出自己的财物及劳力，可换得自己的领袖地位。反过来，有时候慷慨也是领袖的特权，它代表一种身份、地位。我们在现实生活或电影中偶能见到一些场景：几个人在餐厅结账柜台前，为抢着付钱而闹得不愉快，甚至拳脚相向。这为的是面子。在社群中地位高的人表明今天他请客，结果被社群中地位较低者抢先付了账，这自然让前者面子挂不住，也显示后者希望借此慷慨提高自身地位的野心。

1990 年代我在羌族地区进行田野考察时，常有一种经验。当我和几位羌族朋友

（多为威州师范学校的老师）到一村寨作客时，首先我们来到的是他们学生（或学生的亲友）家里。不久屋子里就坐满了人，都来看远方来的稀客。到了快吃饭的时候，其中一个人说"到我家吃饭去"，然后我就糊里糊涂地被带到他家。酒足饭饱，大家闲聊到深夜，我就被安排在这主人家住下来。几次以后，我发现自己作为远客便是"稀有物资"，在地方上身份地位不够的人不宜拥有这样的稀有物资，所以我被"贡献"给当地最有领袖地位的人。这些人原来在地方上便以慷慨助人换得其社会地位，此时招待远方贵客又能巩固其在地方上的领袖地位，而他日后也可能以某种方式回报将我"贡献"给他的村民。

婚姻也是一种交换关系。尤其是传统社会中的婚姻，经常不只是两个人的事情，也是两个家族或更大社会群体间的事。婚姻涉及家庭劳动力、财产、生殖力、家庭荣誉等的交换。在婚嫁中双方有嫁妆与聘金的互赠，这是最基本、最简单的交换。然而在人类社会中，嫁妆与聘金经常以多种形式表现，且是不对等的。譬如，对娶妻者而言，若婚姻的目的是得到家庭劳动力（女子与其生下的小孩），那么必须将女子以聘金"买"来，女方付出的嫁妆相对较少。若婚姻的目的是两个家族的联合，以及为娶妻家族延续家族血脉（继承人），那么聘金与嫁妆最好对等。若极端不对等，如女方嫁妆高于男方的聘金，或男方聘金远高于女方嫁妆，就会影响双方互动时的社会阶序高下。

总之，交换行为产生人际关系，巩固社会结群及其中的阶序高下，造成人际恩怨、爱恨、情仇，以及社会声名、地位、信任、名誉。法国人类学者马塞尔·莫斯（Marcel Mauss）的《礼物》一书，对此作了最简洁的说明：人们有送礼的义务，有收礼的义务，也有回礼的义务。当一个人无法回报他人经常的馈赠时，他在赠送者面前自然感到有亏欠，而在态度上便矮了半截。这也可以用来了解中国传统家族的分裂。如一大家族中贫弱的家支或家庭，长期受到富有的亲族接济，那么最终不得不离开家族，到远地谋生。

生计安全与盈余　传统农民为了保障生计安全，经常种多种作物，前面说过，这是最小风险考虑的生产模式。除了用生产方式，人们也常用社会、文化手段来保障生计安全。譬如，渔猎采集社会中的分享文化，以及由40—60人组成的社会组织猎团。一个人可能半个月都运气不好，猎不到任何动物，但猎团里只要有一些人猎得动物与大家分享，整个猎团的人就不致饿死。在移动且资源（猎物）非常不稳定的游猎社会里，食物分享是一种非常重要的文化。然而在旧时代，在一个环境资源固定、远离市场经济与国家的定居村落，如过去青藏高原东缘的羌、藏族村寨中，彼此区分是最重要的文化。虽然村民们彼此有时须互助以解决问题，合作以保护共同地盘，但在平日的生产与消费中基本上是"亲兄弟明算账"。至于生活在文明都市与国家中的人，生计安全是通过集中与再分配的原则实现的。物资通过市场机制或国家征税的方式集中，然后通过市场机制或国家各种制度一层层地再分配，让一层层的各阶级、各行业的人皆有所得，如此维持人们在生计上阶序化的享受、舒适与安全。

生活所需有了盈余，个人与家庭才能感觉到生计安全。但是"盈余"观念是非常主观的，不易掌握的——有多少物资与金钱财富才能让一个人感觉安全，此涉及社会情境、生计行业，与个人生活经验和人格特质。过去羌族高山村寨里的村民，生活十分艰苦。各家房屋前或墙边常堆着整齐排列、高逾人肩的柴火；屋内梁上挂着十余到数十块猪膘，有些发黑的猪膘恐怕储存已有几十年了。这些柴火与猪膘便象征着盈余，让人们感觉无虑受冻馁，生计非常安全。

传统社会的农民，以谷类纳粮税。除了缴粮纳税、明年播种所需、一家人的粮食消费外，还有多少盈余可以拿到市场上去卖，对农民来说是容易掌握的。但是对一个传统牧人来讲，气候变化、畜疫、盗匪等可能造成畜产损失的诸多因素难以预期，因此不容易估计有多少是在保障生计安全所需之外的盈余畜产。简单地说，过了一个冬天以后还有多少羊，很难估计。这也说明为何游牧部族与定居城邦间很难建立长期稳定的市场关系。

以上指的是传统社会中的农人与牧民。在进入现代国家治理与市场体系之后，情况便有相当大的变化。一方面，由于国家为人民提供相当的生计安全保障，因此无论农牧民皆能放心地估计其生产盈余，投入市场。然而另一方面，由于以金钱缴税及支付许多生活所需，而农牧产品的市场价格又是生产者难以掌握的，难以估算盈余的市场价值，因此农民与牧民更不易掌握其生计安全。

生产分工　在一家庭里有性别、世代分工；社会中有各行业的分工；在传统国家这样的大生态体系中，圣俗、官民、百工，甚

图 3-3 台湾省新竹县尖石乡泰雅部落
　　　　休闲产业

　　这是一个远藏于中央山脉深处的泰雅
高山族人部落。近年来该部落民众利用其
环境资源神木群来发展观光旅游，他们成
功的因素之一，便是能善用原来的（或重
建的）部落组织来合作经营与分配利润。

　　至统治者与被统治者，也都是种种社会分
工。分工是人类进入文明的起点之一。是分
工造成阶级分化，有阶级分化才一步步走向
权力集中、社会阶序化的文明社会。分工让
新石器时代的多元聚落形成一个个有机组合

的文明体。及至今日，国际产业分工（国际化）也让全球各个国家形成一庞大政治经济体——其中有核心有边缘。总之，分工让人类多元性、社会多元性、文化多元性，甚至环境、物种多元性，趋于减少。

渔业捕捞与养殖便是一例。台湾近十年来因人力不足，很多的沿海养殖业采用一种分工的专业生产方式。整个专区只生产一种或少数种类海产物，有生产户专门负责培养小鱼苗，有生产户将鱼苗培养到7～10厘米，最后有生产户将之养成可出售的成鱼。另外清理鱼池及补捞都各有专户。在如此分工产业趋势下，台湾居民现在能在市场上买到的鱼类品种比过去少了很多。另外，我也观察到美国与意大利鱼市场的差别。在美国各大城市中已少有传统市场，在超市里我们能买到的也只是品类很少的几种鱼，它们都是利于大规模养殖、自动化处理与运销的品类。而在意大利，大小城市多有传统市场，里面的海鲜物种十分丰富，看来许多是自然捕捞而非养殖的。美国毫无疑问目前仍是全球体系的主导者，而意大利即使在欧盟中也是经济贫弱的国家。然而由美国人日常消费的海产类，以及连锁经营的咖啡店、快餐汉堡店等，都显示全球化分工造成食品种类大幅减少，其民众的饮食文化远不如农渔业仍相当传统的意大利之丰盛与多元。

4

_____

社　会

在一特定环境里，人们用任何一种或多种生计手段获得生计资源，都难免与他人有合作和竞争，以及需和他人共享或分配资源，这些都使人们结成各种社会群体。因此，人类社会结群的主要功能便是合作、竞争、区分，而背后的动机经常是匮乏。人们永远觉得匮乏。除了用生计（生产与交换）手段来解决匮乏外，人类也用种种社会、文化手段来解决匮乏。这就是，有的人分配多一点，有的人分配少一点。今天我们熟悉的、生活中无所不在的智慧财产权，便是一种利润分配之社会文化手段。譬如，生产与销售一部手机所产生的利润，哪个专业群体（如软件设计）获得其中绝大部分的利润，哪些专业群体（硬件生产）分享剩余的利润，皆依据所谓"知识产权"来分配比例。而此生产与消费体系背后的动机则是匮乏：人们总觉得缺少一部好手机。手机消费文化、尊重知识产权的文化，则是此高度阶层化的、极不当的社会分配体系的帮凶。

人类社会结群 人类社会结群根据许多不同的认同与区分准则，如性别、种族肤色、职业专业、祖先血缘、邻里空间、祖籍故乡、国家、宗教、政治党派、年龄世代、同学、学派、同门师友、语言、文化、兴趣嗜好等，一个人的社会圈便由以上多种认同体系构成。由哪些认同体系构成，它们中哪些重要或不重要，每个人都常有不同，在一个人的生命历程中哪些社群重要也有变化。

我们在一婚礼宴席的桌次安排上，最能看出个人（新人及其父母）的社会圈，或社会性。根据我的观察，一般来说，乡间百姓婚礼的桌次安排较单纯，涉及的多为人群血缘（如姻亲席）与空间（如村里席）关系。城市人的婚礼宴客桌次安排，则通常较为复杂。譬如，除了男女双方亲友及邻里朋友的桌席外，可能还有新郎新娘（及其父母）公司同事的席位、由小学到大学各级同学的席位、各种社交群体之席位、各行业群体席（如教育席、银行席）、宗教社群席等。前面说的乡间民众的婚礼桌次安排较简单，乃按照亲人、邻里、同学、社交与宗教圈等，经常高度重叠。

血缘与空间社群认同　在人类社群认同中，最重要的便是血缘与空间社群认同——亲人与邻人。血缘性社群认同，指的是以真实的或想象、建构的祖先血缘关系来凝聚的社群认同。譬如，家庭、家族、宗族、民族、族群等，都是这样的社群。它们也可说是广义的族群：从家庭到国族。这是由于母亲与其亲生子女是人类最基本的血缘性社群，也是人类最基本的社会群体。族群的根基性——指根深蒂固的群体情感——便由此产生。这便是为何许多这一类的认同群体，其成员都常以兄弟姐妹相称。在当代国族认同中，大家也称彼此为"同胞"，想象大家同出于一个母亲，以及用父、母等符号（如父土、母国、母语，以及英文的 motherland 等）来强调国族群体的凝聚与团结。族群认同的根基性也说明为何人类其他群体认同常借族群认同来强化。譬如在一宗教社群内成员们以兄弟姐妹相称，校园里好友死党之间也彼此称兄弟姐妹。

空间人群认同，指的是乡亲与邻里社群认同。乡亲与邻里为两种不同的空间人群认同。前者是以故乡、祖籍记忆彼此凝聚的社群，而这样的群体认同也带有血缘性——乡亲经常也是血亲、姻亲。后者则是当前居住空间相近、现实利害关系密切的人群。人类社群认同常在空间与血缘性上各有偏重，如青藏高原东缘的藏、羌族注重空间人群（本寨人、本沟人等）认同，而凉山彝族则注重祖先血缘人群（家支的人）认同。

人类社群的工具性　人类学家强调族群认同的根基性与工具性，或为此分为两派：根基论者与工具论者。前面已说明族群认同的根基性。它的工具性则是指人们与他人结为一族群乃为现实目的，也就是说，族群认同只是人们追求现实利益的工具。若依此见，人们会因现实利益而改变其族群认同。若依根基论者之见，则族群认同是根深蒂固的，人们可为族群同胞牺牲自己的利益，甚至生命。

在 1990 年代以后，部分由于历史记忆与族群认同的关系受到重视，这样的争议渐泯。共同起源记忆凝聚与强化族群认同，此符合根基论观点。而为了追求现实利益或为适应情境改变，人们也常修饰或遗忘一些族群记忆以改变族群认同或其边界，此符合工具论观点。因此当前学者多认为根基性与工具性正是族群认同的两面。人类学家古立弗（P. H. Gulliver）曾报道一案例。在一非洲游牧部族中，父子两人对家族史的认知不同。儿子遗忘一些祖先，将一远亲认作近亲，因为他们目前共有家庭畜群，一起放牧。这便是为了现实情境而发生的"结构性失忆"（古立弗之用语）。总之，族群认同因有工具性，常随现实利益环境而发生变迁。即使在一家庭或家族中，成员们的认同都可能发生变迁——通过遗忘与建构共同祖先。

事实上不只是族群认同，人类其他的社群认同也常离不了工具性与根基性。如前面所举之例，为了巩固宗教、党派、密友等社群认同，其成员们也想象彼此为兄弟姐妹，以强化根基情感。各种社群的工具性更容易理解。人类结群原来便是为了垄断和扩张群体利益，以及排除他群体于此利益共享圈之外。即使一个高尔夫球俱乐部的会员群体，若会员过多，打球的机会成为不足的资源，那么部分会员或可提议提高会费来调整社群边缘，将部分原会员排除在新的社群边界之外，以垄断打高尔夫球的机会。各种人类社会中，常常男性、年长者、统治者、老居民、资产阶级等社群，以及一公司里的管理者社群，都是具有工具性目的与权力的社群。

族群认同变迁的微观过程　族群认同变

迁常发生在人们紧密互动的情境中。在这样的互动中，优势族群对劣势族群的歧视，以及劣势族群为了保护自己而模仿前者，造成族群认同变迁。1990年代我在北川羌族地区进行田野考察，根据人们对过去的记忆我记录了两个不同时代的族群认同变迁潮流。一是发生在明清至民国时期的汉化，让许多非汉本地人成为汉人；一是发生在1980年代的少数民族化，许多汉人成为羌族。而两种彼此反向的族群认同变迁，其个人动机都一样：人们追求较安全的或较优越的社群身份和地位。

过去（清代至民国时期）本地各村落人群间的族群歧视状况是，各村落的人都称自己是汉人，并认为所有上游村落人群都是"蛮子"，但他们自己也被下游村落人群视为"蛮子"。这就是本地人常说的过去人们"一截骂一截"的情况。青片河为北川地区最西边的一条湔江支流。青片河上游的上五寨便成为"一截骂一截"歧视的终端，再也

图 4-1　北川青片河上五寨的一位老人
与其同乡的民宗委干部

　　20 世纪上半叶青片河上游上五寨是本
地"一截骂一截"的末端；1980 年代在民
族政策下，本地民众首先成为羌族，并为稍
后北川民众"一截攀一截"之羌族化变迁的
源头。

没有更上游的人群可被他们辱称为"蛮子"。因而在 1960—1970 年代的民族识别中他们先是被识别为藏族，后来又被识别为羌族。1980 年代，人们对于民族平等以及国家对少数民族的照顾政策较有认识与信心，因此在人口普查中纷纷将自己及家人登记为羌族。这一变化过程，可说是由上游至下游"一截攀一截"地进行。也就是，上五寨等青片河上游地区成为羌族自治县之后，其紧邻的下游乡村民众便有理由将自己登记为羌族，而后更下游的乡村民众也援此变成羌族。由这一例子，我们可以深刻了解族群认同变迁的微观过程，也因而对于族群认同变迁——无论是汉化还是后来的少数民族化——有一种同情的理解。

原初社群认同 我最近几年提出一"原初社群"概念，这指的是人们彼此间的血缘与地缘关系紧密结合的一种社群认同。血缘人群指血亲，地缘人群指邻人或乡亲；人们常认为亲人为亲人，邻人为邻人，两者之间通常没有重叠。因此由最基本的血缘社群——家庭，到家族、宗族，以及到部族、国族等基于想象的血缘关系之社群，学者们强调的都是其成员间真实或虚构的血缘联系与情感。然而值得注意的是，这些人类血缘或拟血缘社群认同中经常含有空间（领域）人群认同。像这样其成员以强烈根基性情感彼此凝聚，人群血缘与空间关系皆十分紧密的社群，在人类社会发展上以及在现实世界中均有特殊意义。

原初社群最典范的例子，便是个人出生时在家庭中经验到的空间与人群：在一安全、温暖的房间里，周遭环绕着亲切的家人。个人成长的经验，一般来说便是逐渐离开家庭之原初社群，走向陌生且充满敌意与危险的世界。因此个人婴幼儿时期的家庭生活经验，是原初社群之原初性情感联系（primordial attachments）的根源。在遭遇挫折时人们常逃回其原生家庭中寻求慰藉，或者，和周遭的人结为模拟家人共聚的原初社群。

各种类型的原初社群在人类社会中非常普遍。除了人群血缘跟空间关系密切外，它们的一般特色是强调内部成员在血缘、道德或信仰等方面的纯净如一（同质性），大家彼此团结（一体性），并恐惧、敌视与排斥外人，特别是邻近外人（排他性）。偏乡的同姓村、极端的宗教社群、青少年的好友死党圈、民族国家，以及今日某些网络社群，都是具原初社群性质的人类社群。成员们以同胞或兄弟姐妹彼此相称，有想象的或建构的如"家"之成员共聚空间。极端的民族主义者，如 20 世纪上半叶的德国纳粹党人的口号"血与土"，其所强调的便是种族血缘上的雅利安民族，以及其所宣称之生存空间国家领域。这样的民族国家思想在 19 世纪初已萌芽并逐渐盛行于德国，希特勒及其纳粹党人只是此思想之极端践行者。

社会制度与组织　人们常混淆社会制度（social institution）和社会组织（social organization）。它们密切相关但性质不同。社会制度是构成社会的主要机制与原则，而社会组织则是有计划及执行力来实践前者的种种群体与机构。人们在特定环境中以各种生计手段获得生活资源，并与他人结为各种社会群体，以与他群体争夺和分配资源。社会制度便是规划人群区分、规范人们的思想与行为之种种法则。道德、法律、亲属关系、宗教、教育、政治等，都是常见的社会制度。就这些社会制度来说，显然它们皆蕴含一些稳定的、广为众人接受的社会规范与约定，以及相关的威权与胁迫性，让每个人知道自己的社会身份与角色，知道自己的当为与不当为，如此让一社会及其所系整体人类生态得以稳固及延续。

即使在"学术界"这样一个人类生态圈中，亦有许多的制度与组织让其中的"社会"得以运作。经费、知识与学术声名、地位是此人类生态圈中的环境资源，学习、研究、创新与发表是生计手段。在社会层面，人们结为种种社群（以学科、师门学派、资历、学者所属大学、地域、研究主题等为人群认同与区分准则）；教育制度、考核评鉴制度、学术著作发表与审查制度，以及与之对应的社会组织，如教育部、大学、大学里的各种行政单位与委员会，各种学生组织、学会组织，期刊编辑委员会等，让此人类生态圈中各群体间的合作、区分与竞争皆能循着规范。

图 4-2　1990 年代四川省阿坝藏族羌族
自治州茂县三龙乡乡政府

　　乡政府门口挂了 5 个代表乡政府各单位的木牌，每个单位都是一个社会组织机构，以执行及运作其对应的社会制度。

而在社会制度与组织下，让人们不得不为，或不自觉而为的便是文化——校园文化、学术文化、升等评鉴文化、学术发表文化等。

1990年代我在羌族地区进行田野考察时，在茂县三龙乡听闻的一件事，让我记忆深刻。有一天我在乡政府与本地朋友闲聊，看见办公室墙上挂了一根藤鞭，我好奇地问起这鞭子的用途。一个乡办公室的人笑说，不知道谁想出的馊主意，要我们可以用鞭子惩罚犯微罪的老百姓。他又说："你看见外面治安室那牌子吗？一些小治安事件就这样解决。但我们怎么可能打老百姓？"此时办公室中另一人说："还真的用过一次，就那一次。"据他们说，是一年轻乡民不孝，母亲重病在家不送医，于是舅舅告到乡政府来。就是那一次，乡政府的人鞭打了那个年轻人，并要他立即背他母亲下山就医。

这件事可让我们思考社会制度、组织与文化间的关系。在传统社会，家庭、婚姻与亲属是彼此密切结合的社会制度。运作这些制度的社会组织便是一个个家庭、家族、姻亲群体。孝亲文化、舅权文化、亲友往来文化规范人们的行为，让亲属体系得以运行。此事例中，当一个人违反孝亲文化，在过去舅舅便可以指责他，甚至可体罚他。但这位舅舅选择告到乡政府，或因本地传统的亲属体系与家族组织此时已无力防止或惩罚家庭成员违反孝亲文化的行为。无论如何，国家法治制度与组织适时弥补了此一社会伦理与秩序缺环。

关于社会制度与社会组织，我们可以再举传统中国地方志为例。为地方修志是一种社会制度。在中国良吏文化（一个好地方官应有之作为的价值观）影响下，一个地方官常思如何征聘地方士人进入方志局为地方修志。方志局便是实践这一制度的社会组织。一本方志的完成，除了制度、组织外，还涉及方志文类概念，这指的是一种书写文化，让方志作者知道应如何编写一本方志，包括其篇章结构、叙事法则等。过去我曾发表一篇文章，研究清代道光年间一云南士人王崧受命编撰云南方志的事例。这是很有趣而又十分值得我们深思的一个例子。在该文中我说明王崧如何在修方志的制度、组织与文化下，仍编写出一部让其方志局同仁难以接受的方志，让他愤而携稿离开省方志局。然而他编写的这部方志在大理一带却得到乡亲们的欣赏与支持，因而得以问世。

社会阶序与层化 人类社会多少都有些内部阶序，男性与女性间的高下阶序，各个世代人群间的高下阶序，以及种族、贫富、圣俗、血缘贵贱、职业等之阶序。它们在资源竞争、冲突与分配中产生，以暴力或非暴力形式存在于社会中。一般来讲社会阶序（social hierarchy）指的是比较容易被人们感受到的社会区分。然而更重要且更基本的是将社会人群阶序固定在一层层社会结构中，并合理化其间不平等关系的社会知识、道德与文化等，它们共同造成社会层化（social stratification）。

历史记忆是造成社会层化的主要工具。以此来说，造成社会层化、支持典范历史的历史学家难辞其咎。这些典范历史的内容说明谁是征服者，谁是被征服者，谁是老居民，谁是新移民，因而造成种种社会人群阶序区分。譬如在美国，人们普遍认为一个 18 岁的欧裔美国人比一个 80 岁的美籍华人更有资格宣称自己是"真正的美国人"，那是由于美国社会建构的主流、典范历史造成此意识形态。

社会人群阶序与层化，有时候只表现在社群大众之意识形态上，有时候它们也得到国家法律与社会制度的维护与强化。1990 年代初我刚从美国留学返台的那几年，有一次在新闻媒体中听到当时台湾首要政治人物的一段谈话。他在访问一高山族乡的行程中称，高山族非常勇敢、健壮、正直，很适合担任军警，因此他要相关机构修订法则、制度，让高山族较容易从事这些行业。我对此不以为然，于是在报刊上发表一篇文章，表示没

有任何族群适合从事特定职业，以法律鼓励
或诱引其从事特定职业尤其荒谬。

社会冲突与社会斗争　在任何形式、任
何规模的人类社会中，个人之间或人群间的
冲突与斗争都在所难免。即使小如一家庭，
夫妻之间、手足之间、长辈与幼辈间，在日
常生活中都常有或大或小的冲突与矛盾。社
会冲突（social conflict）与社会斗争（social
struggle）是有区别的。社会冲突指的是个人
或群体之间由利益、价值观或需求的对立，
而产生的意见分歧或各种形式之冲突。它可
能发生在人们日常生活之细微互动中（如夫
妻间相互不说话），也可能发生在更大的社
会层面（如劳资冲突导致的罢工等）。因此
社会冲突或短期或长期，其程度或轻微或激
烈，一般皆能依赖谈判、调解或权力干预来
解决。

社会斗争则指的是一个群体为实现社会
变革而进行的长期、有组织的努力，通常是
对人们能深刻感知的制度化不公正、不平等

的行动反应，如阶级斗争。它通常比社会冲突更为激烈和持久，涉及更大的社会问题和运动；可能涉及各种激烈手段，如大规模抗议游行、长期与经常性罢工、集体违抗命令等。它的解决之道在于结构性变革，涉及重大改革或政治革命（如共产主义革命、美国的黑人民权运动、全球性女权运动等）。

社会控制与社会安全　一个社会不能经常处在成员们的冲突与斗争中，因此皆有一些社会控制机制来防范冲突，以维持社会秩序。同时有一些社会安全机制，以维护其成员的生命与财产等安全。简单地说，社会控制（social control）指社会经由种种机制、策略和制度来规范个人和群体行为，以确保人们遵守和服从既定的规范和规则。这些社会机制或是正式的，如法律、法规、警察、司法系统，或是非正式的，如社会道德、习俗、同侪压力、家庭规范、宗教等，如禁止偷窃和暴力的法律，强制性以维持纪律的校规，防范人们说谎和提倡礼貌的社会规范，其目的都在于让人们的行为有规范，防止偏差行为，确保社会凝聚力。社会安全或保障（social security），指政府所制定的社会计划项目，为有需要的个人和家庭提供财政援助与支持，特别是对失业者、老年人、残疾人士、弱势家庭、受家暴者等。现实手段有发放养老金、失业救济、残疾福利、受害者保护制度与机构、医疗保健和低收入户之福利项目，如此为弱势群体提供社会安全网。

总之，社会控制与社会安全为维护一社会人类生态稳定发展的两面策略，缺一不可。因而各种社会控制与安全之官方及民间措施，都宜在人类生态中考虑其意义。譬如，谁制定及强调的法律、乡规、道德及鬼神说，它们如何被执行，为了谁的利益与安全，以及它们（如乡规、部族习惯法与国家法律）间有冲突时以何者为先，都反映一社会之现实人类生态及其变迁。譬如，在全球许多父系社会，家族中舅舅的地位都很高。这现象背后的人类生态是，在关系紧密的父系家族内部各分支家庭间常有竞争与冲突，母舅是介入这些冲突（或调停各方，或支持某一方）的力量。如传统汉人社会，在一个由几个兄弟家庭构成的家族内部，大母舅（母亲的娘家兄弟）扮演维持兄弟家庭和谐的角色，小母舅（兄弟妻子们的娘家兄弟）各自支持自己姊妹与其丈夫的家庭。如今全球国家之普遍趋势是，即使在家庭这样的基层社会组织中，在分产、争产这样的人类生态事件里，国家法律也取代了传统家族文化的社会控制角色。

5

文 化

在学术及一般生活用语中，文化，或英文的 culture，所指皆非常广泛。在人类学中尤其如此。因学派及理论关怀有异，人类学家对文化的理解与诠释常有相当大的区别。然而我们可对文化有一种简单的理解：那些让人们不知不觉地，或无法避免地，产生一些规律性行为的社会力量。譬如，在某种社会道德压力下人们不得不有些作为，如在社会建立的品味范准上人们追求某种风尚或雅趣，又如在羌族传统村寨里规范或导引不同年龄的男性、女性在各种场合穿着合宜的服饰，造成此种种行为的皆为社会文化。

还有便是，我们历史学家当有此自觉与认识：历史探究与书写也经常脱离不了社会文化的影响。当我们在从事历史研究与书写时，我们所追求与最后呈现的不一定是所谓

"历史事实"，而经常是社会文化告诉我们应如何思考、探寻过去，与如何书写、陈述历史。

无论如何，文化只是社会建构的或在社会生活中自然产生的种种行为结构、规范与倾向；它们普遍存在于人们心中，而在人们的社会行为中得到具象化的呈现。后者，我们可称之为文化表征（cultural representation）。文化与文化表征，两者有相辅相成的关系，或可说两者为一体两面。文化产生文化表征，文化表征强化文化。譬如图 5–1 那张羌族家庭照片，以及它在拍摄当时给众人造成的印象，都是文化表征，它们产生于本地家族文化。而其在众人脑海中产生的印象与记忆（表征），又强化此家族文化。

以下我们仍主要以羌族为例，说明文化与文化表征的关系，以及它们在整体人类生态中所扮角色及意义。

保障环境安全的文化与文化表征　过去在传统上羌族是山居人群，寨子建在高山或

图 5-1　羌族家庭照片

> 上图是一种文化表征。除却后排的外来访客，照片中人物及其位置呈现的是一家庭文化结构：家庭中地位最高的母亲居中，左右坐着她的两个儿子，右边站立着的是她的两位媳妇。前排或蹲或站的是她的孙子孙女。

半山腰上，因此防范村寨上方的土石崩落是极重要的事。除了注意寨子上方环境安全的日常行为外，他们还普遍发展出一种神树林信仰文化。那便是，将寨子上方的一片林木视为神树林，以在其中砍柴、捡枯枝为禁忌，并有每年举办的祭神林仪式。这样的文化产生的神树林环境景观，以及每年举行的祭神林仪式活动，都是此文化之表征。它们被人们感知而在脑中造成的印象，不断强化此文化。

过去羌族人对环境的看法，如什么是好的或坏的生产环境（如阴山、阳山、内沟、

图 5-2　茂县水磨沟的村寨

照片上方有两处茂密的树林，如两道浓眉般遮在村寨及周边坡田的上方。这便是神树林文化造成的文化表征，一种地理环境景观。

外沟），哪里是神圣或污秽的空间环境（如
神山、圣湖、神树林），以及男人、女人与
老人的空间，都受到文化的影响，因而也影
响他们的相关习惯性行为，与因此造成的文
化表征。

保护地盘界线的文化　在传统羌族村寨
社会中，由于山区生存资源匮乏，各个村寨、
各沟的人都十分注重本群体的地盘与其边界，
不容他人侵犯。同时人们也尊重远近邻人的
地盘，不会轻易越界。这种习惯性行为，受
到各种文化的导引与规范。其中最重要及普
遍的便是山神信仰文化。一个寨子有一个寨
子的山神，几个邻近寨子又有共同祭拜的山
神，更大范围如一条沟或邻近几条沟的人群，
则共同祭拜更高的山神（通常是大家都看得
见的山峰）。如此一级级由小而大的山神，
佑护一层层由近而远的地盘界线。

另外，茂县的牛尾巴寨（牛尾村）大年
初七有一"人过年"仪式。仪式起头是村中
长老在一大酒坛前念开坛词，请远近山神来

共享。这是山神信仰的一种仪式，其意义在于强调自身的地盘，也尊重远近人群的地盘。整个"人过年"仪式活动重心在于，中青年男子手持刀或枪，列队在一农田辟成的广场上绕行、对空鸣枪，又分为两队来演示敌我对战。这个仪式显然强调的是本寨人保家卫土的决心。他们很欢迎邻近村寨的人来参观此活动。可以说，其他村寨的人来此受到警告，宣示牛尾巴寨本地人有决心和能力来维护其地盘与资源边界。此与当今各国在国庆日举行的阅兵及军力展示没有什么不同。

限制可分享地盘之人口的文化 许多羌族（嘉绒藏族亦然）村寨中都有一种地盘家神信仰。一个寨子有多少个地盘家神，便有多少个家族（羌族人或以四川话称之为家门）。一个地盘上只能容纳两三户供奉此家神的兄弟叔侄家庭。没有地盘神的地方不能盖房子，多余的人口只能迁到外地去，或到邻近村寨当上门女婿，或迁居城镇——这是由于共享地盘资源的人不能多。家里只有独生女的家庭，经常从外招女婿上门；长期无人居住的家神地盘，若征得本地各家门的同意，可由本地人或外人来占居，承继此家族并受此地盘家神佑护——这是由于保护地盘资源的人不能太少。

维持社会群体区分的文化：饮食与服饰

人们常常用饮食、服饰来想象或表现个人的社会性，或者说社会身体。服饰作为个人身体的延伸，它和纹身、拔牙、发式等，都是个人社会身体的一部分。人们也以此与"他者""异类"作区分。中国古籍《礼记·王制篇》中称："中国戎夷，五方之民皆有其性也，不可推移。东方曰夷，被发文身，有不火食者矣。南方曰蛮，雕题交趾，有不火食者矣。西方曰戎，被发衣皮，有不粒食者矣。北方曰狄，衣羽毛穴居，有不粒食者矣。"这便是以饮食、服饰来强调各方人群差别的一个例子。

中国西南各边疆民族，传统上常以女性服饰、发饰来区分邻近各族群。因而外来汉人也以她们的这些客观特征，来记录与描述当地各族群。过去许多如《苗蛮图册》之类的书中所描述的青苗、白苗、打牙仡佬、狗耳龙家等，都是此种他者想象与命名逻辑下的产物。然而此种他者描述，不见得与当地人群主观上的族群区分完全相符。过去我在羌族村寨所见的妇女服饰（见图5-3），它们在本土观点下所蕴含的人群区分意义，不仅表现在客观、细微的服饰区分上，更在人们日常生活言谈对个人穿着的批评、讥嘲中被强化。饮食习惯也是如此。我的羌族朋友常告诉我藏族吃得如何，我们羌族吃得如何。我也曾听得日本京都人批评大阪人如何吃、如何穿。这些都显示人们以饮食、服饰来区分他群和我群，这是人类社会的一种普遍现象。

社会化过程与服饰文化　在社会生活中，一个人自幼观察、学习与接受各种社会典范，逐渐形塑其应如何穿着、如何与他人交往应对、如何作出恰当的举止言行之种种概念与

图 5-3 1990 年代穿着本地传统服饰的
茂县牛尾巴寨羌族少女

价值观，而这些形塑个人的普遍概念及价值观便是所谓文化。

1990 年代我在茂县牛尾巴寨摄得的一张照片（见图 5-4），表现一个女孩随其成长而渐进的社会化过程。最右边五六岁的小女孩，穿着的似乎是一般市面上买来的成衣。中间稍长，十岁出头的小女孩，穿着看来也是在成衣店中可买到的外套、连身长裙及围裙，然而已有本地藏羌民族服饰的风格。最左边那位十四五岁的女孩子，穿着的便是本地人人皆知的牛尾巴寨年轻女性的服饰。这是一个文化表征，一个社会化过程的文化表征，或说是人们如何在社会中获得文化并成为被文化塑造者之表征。它背后隐含的社会现实是社会对一个女孩子的言行举止要求。许多女孩到了某个年龄时，应常有如此经验：父母或身边其他长辈经常告诫着"女孩子大了要有女孩子的样子，坐有坐相，站有站相……"

英文的人文学术词语中有个 embodiment

图 5-4 1990 年代茂县牛尾巴寨的
三位女孩

（中文译作体现，或体化），它的意思是，我们的身体（包括服饰与言行）被社会文化塑造，而相对的，这样的社会化身体也维系及强化与其对应的社会文化。上面那张三个小女孩的照片，最能表现 embodiment 一词的深刻意义。其他譬如我们在一企业公司中、在高校校园里，都能时时体验到被文化塑造的身体以及被人们身体塑造的社会文化。在校园里，如博导慈祥但带着威严地对博士生说话，博士生对博导恭敬但带着一丝丝反抗的回答，都是在校园与教育文化下的 embodiment 之现象，而它们也强化相关的校园与教育文化。

传统服饰与性别区分文化 服饰区分人们的性别、年龄、职业、贵贱等，这些都不用说了。人们常强调"传统服饰"，无论在一少数民族的小村落中，还是当今民族国家中。然而所谓传统服饰，经常又涉及社会中的男、女性别区分。图 5–5 这张羌族的家庭照，照片里老青少三代男性都穿着一般市面上

图 5-5 羌族家庭合照

可购得的衣服，其穿着与其他地方的羌族以及附近农区的汉人没有差别。只有女性穿着本沟、本村寨的传统服饰。本地男人对此的解释是，男人要经常外出远地，穿着特殊不方便。一位印度学者在其分析近代民族主义（nationalism）的书中指出，在近代民族主义思潮影响下，民族主义者一方面要追求民族进步，追求国际化，与全球其他民族并驾齐驱；另一方面要强调民族之悠久传统，以凝聚民族成员。然而传统又隐含有不进步之意。

这种矛盾便造成我们所见的一些印度近代民族表征：女人穿着传统服饰，男人穿着西式衣服。这样的文化表征的意义是，男人走向世界（追求进步），而让女人留在家中（维护传统）。其实这一现象——女人穿着传统服饰，男人穿着西服——在近代民族主义背景下的日本也是一样。然而由羌族以及许多明清以来中国西南边疆民族的例子来看，这并非民族主义背景下才有的近代现象，而是人类社会中渊源更早、更深的一种普遍现象。

历史记忆与叙事文化　让一个人社会化（活在社会中并成为社会人）的最重要文化，可说是人们创作"历史"的文化。它让人们记忆、讲述与书写历史循着某种规律，如此产生的历史记忆塑造个人的社会身份及其对整体社会的认知。过去我在著作中称此种文化为"历史心性"。譬如，羌族的"弟兄祖先历史心性"让他们不断创造、讲述与相信本地的"弟兄祖先历史"。这种历史记忆的叙事模式是"从前有几个兄弟到这儿来，分别在各处建寨，他们就是本地各村寨人群的祖先"。

譬如，一个寨子里有三个家族，提起这三个家族的来源，人们常说从前有三个兄弟来到这儿，他们改为三个姓，现在这三个家族之人就分别是他们的后代。若一沟中有五个寨子，人们就说从前有五兄弟到这儿来，分别在各地建寨，他们就是当前几个寨子之人的祖先。讲到几条沟的人群共同祖先，也还是一样。

这样遵循一定叙事规则的历史，乍听来似乎简单虚假得可笑。然而，若我们深思其意义，同时借此反思我们所深信的历史，可以发现它似乎规划了这个地方的人类生态，一种我们不熟悉的人类生态。简单地讲，我们的历史记忆所创造的现实里，有征服者与被征服者，有先来者与后到者。然而若"历史"告诉我们各个人群都是同时到来的几个兄弟的后代，那么相信这样的历史，现实社会里就没有征服者与被征服者，也没有老居民与新移民。社会现实就成为：各个人群像兄弟一样彼此合作、区分（如俗话说亲兄弟明算账），又彼此争夺。这是一种人类生态。

以下我举几个例子，介绍流行在岷江上游村寨中的弟兄祖先历史记忆，并分析它们和本地人类生态间的关系。再将它们与大渡河上游的嘉绒藏族地区以及湔江上游的北川地区类似的弟兄祖先历史记忆与人类生态作比较，以进一步说明人类生态与历史记忆文化间的关系。

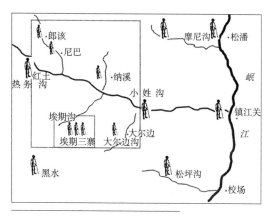

图 5-6　松潘县埃期沟羌族认同圈
　　　　及其弟兄祖先历史示意

松潘小姓沟里的埃期村（见图 5–6），是我进行田野考察较深入的村寨之一。我在这儿记录了多则人们口述的弟兄祖先历史。其中一则如下。

> 最早没有人的时候，三弟兄，大哥是一个跛子，兄弟到这来了，还一个幺兄弟到一队去了。大哥说："我住这儿，这儿可以晒太阳。"所以三队太阳晒得早。幺弟有些怕，二哥就说："那你死了就埋到我二队来。"所以一队的人死了都抬到这儿来埋。

这是二队的人讲的本地历史。三队在阳山面，在这个地方阳山面通常生产比较好，寨子比较大、人户比较多；称三队的祖先为大哥，表示承认三队是较大、较强势的寨子。说三队的祖先是个跛子，其弦外之音是，三队占了好地盘，是因为其他兄弟让着这大哥。一队和二队寨子很接近，平日往来较多，有共同的山神及火坟，此也反映在前面的口述历史中。

我们再看理县蒲溪沟的例子。蒲溪沟是杂谷脑河流域靠近嘉绒藏族地区的一条沟，本地更受汉文化影响。这儿有五个寨子。以下是一位当地人口述的本地历史（录音）。

> 这几个寨子的形成，听说原来没有枪，是用箭，箭打到哪里就住在哪里。几个兄弟分家时，这三个兄弟不知道从哪里来的。后来一个到蒲溪大寒寨，一个是到河坝的老鸦寨，还有色尔，这三个是最早的。

这一弟兄祖先历史与前面埃期村的有同样的叙事结构，然而它不是所有五个寨子人群共同的历史，而只是其中三个老寨子人群的历史。另外两个寨子是较晚形成的，其人是晚来的，或由这三个老寨子分出去的。于是在本地人群中已有先来后到者区分，或有主干与支系群体之区分。

在更为汉化的北川地区，本地青片河、白草河上游各村落是相对来说保留较多非汉文化因素的地方（见图 5-7）。以下是一则我于 1996 年在白草河小坝乡乡上（内外沟沟口乡镇政府所在）采集的口述历史，以录音方式记录。

当初有张、刘、王三姓人到小坝，过来是三兄弟。当时三兄弟不可能通婚，所以改了姓。一个沟就是杉树林，那个是刘家；一个是内外沟，当时是张家；另外一个争议比较大，现在说是王家。

事实上这只是我记录的多则本地口述历史中的一则。它表现的是小坝乡上的人对本地各家族来源的看法。内外沟最深处，内沟里面的五个村的人认为最早五个兄弟来到这里，他们便是五个村落民众的祖先（见图 5-7 最左上角框内的五个人）。另外，我从小

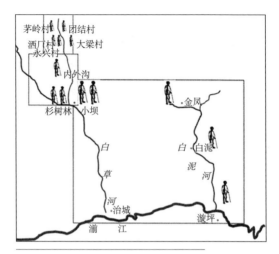

图 5-7　北川县白草河小坝乡羌族认同圈
　　　　及其弟兄祖先历史示意

坝乡上一位王家人口中得知另一个五弟兄故
事。他称，王家五弟兄，一个在内沟团结村，
一个在小坝（外沟），还有三个兄弟分别住
在白泥河的漩坪、金凤、白泥（见图5-7中
最大方框里的五个人）。

　　北川小坝乡的这些口述历史显示，愈往
深山的内沟去，人们愈倾向于相信本地各村

落人群都是同时到来的几个弟兄的后代。愈往外沟或愈受汉化影响,人们便倾向于相信或想象本家族的人分布很广,而与本地各家族分属不同祖先。于是,不同于前面埃期村人的血缘认同和空间认同一致,这里的人血缘认同人群与空间认同人群分离。同时,这样的历史记忆也造成社会中的先来后到者之区分与争论。

人们相信这样的历史,因而生活在这一历史建构的社会现实中。当一个人追猎物而要进入邻近村寨地盘时,"历史"告诉他此村寨人群的祖先和本村寨的祖先为兄弟,当前两村寨人也情同弟兄,不能侵入其地盘而破坏兄弟感情,因而猎人止步,他的行为受其历史记忆与身份认同约束。而他的行为在他人眼中,亦成为一种文化表征,强化本地特殊的历史记忆文化——弟兄祖先历史心性。

总之,文化作为人类生态的一部分,并不像环境、生计与社会等有具体、客观存在的内涵。然而它却掌握或影响人们对周遭环境、所从事之生计活动、与他人之亲疏关系之认识和主观看法，因而让人们知所当为与不当为。而人们日常之种种行为，以及循着文化建构的人造物（如村寨房屋、碉楼）与身体（如穿着某村寨传统服饰的妇女），皆为种种文化表征。这些表征被邻近他人——在同样的文化影响下——观看、认知并产生意义，如此巩固其心目中相关的文化概念。这些皆涉及社会本相与表相，也是下一章的主题。

6

人类生态的表相与本相

人类社会有多种的类型，社会文化又有非常多元的面相。各个学科都从不同的角度、不同的关怀来描述社会。譬如一圆柱体，我们从柱底的一面看过去它是个圆形，然而从柱身的一面看去它又像个方形物。桌上放着半杯水，有人说这杯水半满，另有人说这杯水一半是空的。这便是说，即使对同一个东西，我们也会有很多不同的"看法"。

现在许多不同学科之学者都对本学科的方法和逻辑深入检讨，甚至对于人类理性，或对于我们究竟能不能认识真实、判断曲直，感到非常怀疑。因而对于知识的真实性，不管是人类学知识或历史学知识，都持非常谨慎的态度。事实上，理解人类社会的困难不仅在于外在现象的复杂，更在于我们生活在自己的社会文化里面。如庄周梦蝶的

譬喻：我们不确定自己是在梦蝶之中，还是
在蝶之梦中？或者更简单地说，我们身在庐
山之中，如何识得庐山真面目？所以当今许
多学者都十分关切并深入探索我们所见所闻
之客观世界与自身所处社会现实之间的关系。
我用"表相"与"本相"这两个词来表达此
二者。

本相与表相同人类生态有何关系？为何
谈人类生态，我们必须了解本相与表相的区
分？这是由于人类生态——通过其中"文化"
之社会功能——经常让人们难以见着其真实
面貌。在本章中，首先我将介绍本相与表相
之概念以及相关学说。接着我将说明，我们
难以见着人类生态本相，是因为广义的"文
化"让我们生活在表相世界中，并让我们不
断产生种种文化表征、表相，以及认知与记
忆所见所闻之各种表征、表相，以巩固及遮
蔽人类生态本相。因此，认识与摆脱种种社
会文化对我们的影响，以认识人类生态本相，
是此方面研究的要务之一。

认知、经验与记忆

从最简单的层面来说，表相便是我们从外在事物所得的认知、经验与记忆。关于这方面，我们要从一位早期实验心理学家弗雷德里克·巴特莱特（Frederic C. Bartlett, 1886–1969）的研究说起。这位活跃于1930—1940 年代的实验心理学开创者告诉我们，我们的感官认知（perception）、经验（experience）与记忆（memory）之间有密切关系。他提出一个很有名的概念就是 schema，可译作认知滤网或蓝图。这可以说是"文化"的一部分，也可解释"文化"是如何形成的。

我先简单举个例子。我从小对日本人有个刻板印象——很矮小。这就像是一种文化偏见，或以巴特莱特的词来说，是一种认知的滤网。这种偏见或滤网，让我经常看见在各观光区拿着旗子的导游后面跟着的一群身材矮小的日本观光客，同时让我忽略较高的

日本人。这样的感官经验造成某种记忆，又
强化此"日本人矮小"的认知滤网。后来我
读了一些科学报道，提出二战之后新一代日
本人的平均身高比其前两代人高了多少。此
后我才注意到那些过去被自己忽略的身材较
高的日本人。这个例子便说明，我们以为十
分可靠的亲身经历之经验，经常是选择性的、
受社会影响的。它们只是那些经过认知的滤
网，很多东西被滤掉之后，最后剩下而存在
我们记忆中的经验。

　　我们对外物的认知与经验如何在我们
脑中呈现（representation），以及我们如何
以言语、文字、绘画或其他行动作为来呈
现（representation）它们，都涉及我们所处
的社会情境。我们可以用秋天的枫叶以及赏
枫来说明。我以前在美国东北部新英格兰地
区（New England）读书，我喜欢那儿的秋天
赏枫活动。后来我又曾在日本京都访问一年，
那一年我也很享受日本的赏枫文化。然而，
美国新英格兰人的赏枫文化，和京都、关西

一带日本人的赏枫文化有相当大的差别。譬如，当一位日本人和他的美国朋友说"我们去赏枫"，他脑中想的是一棵棵经过长年累月精心修剪的枫树，被观赏的是树形、枝条与一片片的枫叶，甚至是枝叶在墙上的投影。而若这位美国人对日本赏枫文化毫无所知，他可能期望的是数小时开着车穿行在枫红如火的山谷美景里。日本人的赏枫文化，让他们得到一些美好经验与记忆，这些经验与记忆常在言谈、文字、绘画与摄影作品中得到一再呈现，也使日本人喜欢从事赏枫活动。以上无论以何种媒介表达的赏枫活动，都是文化表征，如同我们在上一章提及的，文化表征又巩固产生它们的文化。

不同层面的本相与表相

我们前面提及的本相与表相（或表征），分别对应英文 reality 与 representation。有多种不同层次的本相与表相。以下，我以自己家中的猫与狗为例说明。首先，我家的猫与狗之现实存在是一本相（reality），而我为它们摄的照片（见图 6–1），则是本相的表相（the representation of reality）。无论以摄像、绘画还是以言辞描述的猫与狗，它们都是真实存在之物的种种表征、表相（或再现）。这是一个层次的本相与表相。其次，对个人而言，不管是看了这猫与狗的照片，还是看到那猫与狗的本尊，我们脑海里都会呈现它们的影像。这也是一种本相的表相。外物虽有客观存在，但每个人过去的经验不同，因而或有不同的认知滤网（schema），加上生物性的感官差异（如视力差别），同样的外物本相在人们意识中呈现的表相（经验与印象）会有些差别。最后，也是更复杂的层次，本相指社会现实情境，而表征、表相则是在此情境下产生之种种客观存在的物象、行为或事件。仍以我家的猫与狗为例。图 6–1 中猫狗相依的影像，以及拍摄当时的实际情况，都是一现实情境下的表征。这现实情境（reality）是，我家有两只猫，一只是孤僻且脾气坏的

图 6-1　我家的猫和狗

虎斑猫，一只是活泼爱玩的豹猫。照片中那
只豹猫，因长久以来虎斑猫不愿意跟它玩，
后来我们养了一只热情活泼的边境牧羊犬，
于是那猫就勉强接受了这个新朋友。这是我
家猫、狗间的现实情境，在这种情境下，便
经常产生照片中的那种影像表征（包括那猫
看来有些无奈）。

表述的信息与流露的信息

我们通过感官对各类型外在物象（包括

物、行为、语言、文字等）的认知、经验与记忆，有更复杂的一面。法国学者罗兰·巴特（Roland Barthes）告诉我们，一个符号（sign），如一个交通标志、一张图画、一个字词，由指符（signifier）与指意（signified）构成，因而它们能传递某种意义。更重要的是，他指出，一个符号自身可以变成一指符，而有其更深一层的指意，如此成为另一种符号，表达另一层的意义。前一层次的符号意义是表面的、容易被人们认知的，后一层次符号意义是较隐晦的、不易为人们察觉的——罗兰·巴特称之为"神话"（mythology）。在此，这个词的意义与一般所称的"神话"不同，它指的是蒙蔽我们认知的一些政治、文化、性别、阶级偏见或意识形态，如殖民帝国神话、男性中心主义神话、政治神话等。

我在《反思史学与史学反思：文本与表征分析》一书中有类似的看法。我指出，一文本（语言、文字或更广意的文本）或一图象表征，常蕴含两种层次的信息：前者为表述的信息，后者为流露的信息。然而我探索后者（流露的信息）之文本分析方法与罗兰·巴特的符号分析不同。无论如何，罗兰·巴特之说也是提醒大众：我们难以窥见社会本相。

本相与表相的关系

表相与本相有彼此相生相成的关系：本相产生表相，而表相也能强化本相。最简单的例子是，在一个男性中心主义流行的社会里，男性中心主义与女性的边缘社会地位便是一种社会本相，在此本相下，人们不断产生歧视女性或不尊重女性的言谈和行为，而这些言谈与行为作为社会表征、表相，又进一步强化男性中心主义之社会本相。

在此方面，皮埃尔·布迪厄的践行理论有很大的贡献。此理论的核心是场域（field）、习性（habitus）和行为（practice）等概念，以及它们间的关系。譬如在一个大

学某科系之实验室里面，学科知识与实验室
法则，博导与其博士生们的关系，以及学校
的种种规定，共同构成实验室此一场域。在
这个场域里，博导和研究生们的言谈态度与
肢体行为皆有其结构或习惯性，这便是习
性。在此场域及相关习性下，博导与博士生
们产生一些行为，通常是有规律及习惯性的
行为，如博士生对博导恭敬的态度与肢体行
为。这样的行为实践，强化相关习性以及实
验室此一场域中的权力阶序关系。布迪厄将
这样的关系称为表相产生的本相与本相产生
的 表 相（the reality of representation and the
representation of reality）。

我们活在一个表征化的世界里，我们
经常看到的或注意的只是一些表相，而我
们难以见着它们背后的社会本相。这是因为
我们观察、认识、记忆外在世界的心理机制
有其结构——无论是巴特莱特所称之认知滤
网，还是布迪厄提出之习性，或巴特所称神
话，或更普遍见于人类学家著作中的文化结

构（cultural structure），都指的是让我们难以认识真相，并不断产生表相的社会文化力量。同时，巴特莱特与布迪厄之说也告诉我们，结构人类学或其他结构主义重结构而轻符号的传统应得到修正，不符合种种结构规范的符号、行为、经验亦可以改变结构、习性与认知滤网。

以下我以三张中国民间常见的关云长画像（见图6-2）为例，说明何为表相、本相，以及我们如何由表相观其本相。这三张关云长图像"表述的信息"（也就是表相、表征）有明显的差别。第一张画的是关云长独自一

图6-2　民间常见的关云长画像

人在看书，他一手扶剑，一手持书。第二张是关云长在读书，一旁站立的是为他持刀的周仓。第三张是关云长坐在中间，左边站立着持刀的黑脸周仓，右边站立着托着将帅印信的白脸关平。然而当我们将注意力移动在三者之间，我们可以看出它们有些共同的、结构性的符号——文与武。第一图中关云长所持之书（文），与另一手所扶之剑（武）。第二图，关云长手上拿着的书（文），武将周仓与其手持之前者的大刀（武）。第三图，手持关云长之刀的黑脸武将周仓（武），与手持印信之白面关平（文）。

因此我们可以知道，这三张图像"流露的信息"是：一个好的武将须能文能武。这是一种传统中国社会价值观，重文轻武之社会现实的一部分，一种社会本相。或可以说是文人（通过关云长）创造及操弄的典范武人形象。在这样的本相下，便不断产生如上种种关云长及其随从副将的画像（表相），以及让许多武人、将军勤奋习文（行为表征），这就是布迪厄所称"本相产生的表相"。这些表相、表征，又强化中国人心目中武将须能文能武此一典范价值观，即布迪厄所称"表相产生的本相"。

人类生态中的表相与本相

我在《反思史学与史学反思：文本与表征分析》一书中，曾对人类生态及其本相与表相解释如下。

> 环境、经济生业与社会结群，共同构成人类生态（human ecology），也就是人类生存其间的社会情境本相。而文化与其表征，则是与社会本相应和的社会表相。我称人类的文化行为与建构为"表相"，并不表示它们不重要；相反的，它们强化社会本相，并遮掩社会本相，让人们置身其中而难以窥见社会本相的真貌。

　　对此我要作些修正与补充。为强调文化的重要，如今我认为应将文化作为人类生态的一部分。虽然我仍认为环境、生计、社会为人类生态中最现实的"本相"，但此本相常为人类建构的文化所蒙蔽。个人居住在特定环境及其边界中，以各种生计谋生及谋求更好的生活，以各种社会身份参与社会活动并与他人互动，这些毫无疑问都是客观存在的事实，也是现实本相。然而生活在这样的世界中，人们由各种对象如人物、场景、图像、文字、话语所经验到的，化为记忆且被一再回忆的，仍是经过文化之过滤、塑造、规范，而在人们脑中再现的一些认知、经验与记忆。文化为它们添加了许多主观的价值，如好的生产环境、高贵的职业、勤快的农人、能干的女孩、劝民务农的好地方官、卑贱群体、典范的历史等。

　　我家位于山坡上的房屋，不远处的一个公园，我的学者职业，我和哪些人是血亲或是姻亲，这些看来都非常真实。然而文化是

什么？文化自身并没有客观真实的存在，然
而它却影响我所居之聚落形态、房屋形式与
内部构造、公园的设置与花树选择、我的职
业与日常生计活动，并影响我对各种亲人之
称谓及我和他们远近亲疏的情感。所以将文
化与文化表征当作与社会本相相应和的社会
表相，并非认为它们不重要；相反的，因为
表相会强化社会本相，它也会遮掩社会本相，
让我们生活在社会本相里却难看到它的真实
面貌。

　　表相为何能遮掩并强化本相？这是由于
"文化"让我们不自觉也不在意自己的言行，
我们也自然而然地遵循着"文化"将所见一
切现象视为理所当然。在此，我所讲的"文
化"是非常广义的文化——那些让我们不得
不为或不自觉而为的所有社会规范、道德、
美学等。文化让我们创造与改变周遭环境，
或让我们自陷于某种环境边界里，让我们接
受各种生计法则，建立我们的职业规范和各
种职业高下，最后，让我们相信与接受自己

在整体社会经济体系中较优越或较低劣的社会身份跟处境。

对此大家应不陌生。这便是许多共产主义大师如卡尔·马克思（Karl Marx）、乔治·卢卡奇（Georg Lukács）、安东尼奥·葛兰西（Antonio Gramsci）等一再阐述的，资本主义如何扭曲与遮蔽现实的误导意识（false consciousness）或物化概念（reification）——资产阶级创造的物质化、阶序化世界，让一个工人安于他的劳动力被过度剥削之处境。

我在《反思史学与史学反思：文本与表征分析》里将表相遮掩本相形容为一个人脚上长着厚茧，而对于脚下所踩的很烫或很尖锐的沙石地面缺少感觉。布迪厄在其《反思社会学导论》里称，现实被人们自然化、宿命化，因而人们也自然地接受自己的宿命。然而布迪厄的践行理论并不是悲观地认为本相与表相循环互生、永无止境，而是强调人们任何一个违逆社会本相的行为，作为社会表征，都可能逐渐改变社会现实本相。也就是说，或为了个人自身利益，或为了群体认同，个人有时会作出一些违反文化或其他社会规范的行为；这样的行为表征之累积，可以逐渐改变社会本相。

2018 年的一部美国电影《绿皮书》(*Green Book*) 的内容主要为，一位黑人钢琴家受邀到美国南方巡回演奏，他与此行的司机兼保镖，须依据《绿皮书》这本黑人出行指南来安排路上食宿，以避免种族歧视下的麻烦。然而这位黑人钢琴家的演奏职业，以及其个人不服那些规范的人格特质，都经常让他与此时美国南方之社会现实发生冲突。虽然电影中并未言明这些冲突事件的意义，但我认为，这些便是违反社会现实本相（种族隔离政策以及歧视有色人种）的表征、表相，它们的累积能逐渐改变社会本相。

传统羌族村寨社会的例子

以下我以过去羌族村寨社会为例，来说明人类生态的本相与表相。所谓传统羌族村

寨社会，主要指的是存在于 20 世纪上半叶
岷江上游山区的当地社会现实，其部分样貌
（或记忆遗存）仍能见于 1990 年代我在当地
进行田野考察之时。

文化与环境以及环境边界　文化影响
人们对周遭环境的认知，包括他们使用的词
语——阴山、阳山、内沟、外沟、大河正沟、
上游、下游，这些词语虽然用的是"汉话"
（当地人以汉话称四川话），但由村寨中的羌
族说起以及由当地人听来，它们的表征意义
可能和外地人（包含成都平原的四川人）所
得知的会有些差别。此与当地村寨生活经验
及由此产生的文化有关。

譬如说到成都、北京，当今很多羌族年
轻人心目中的成都与北京概念可能和一般人
无别。然而在 1990 年代，老一辈羌族人在重
要的仪式上念开坛词，邀请远近各路山神来
共享祭酒，此时成都、北京的山神也经常在
受邀之列。其文化意义是，这是非常注重地
盘界线的社会，人们不但重视自己的地盘，

也尊重别人的地盘。因而成都、北京在他们心目中也是各有山神佑护的地方。

文化影响羌族人对周遭环境的观察与认识。譬如，由于生活中经常需要应用各种植物（作为食物或药材），他们对周遭环境中的植物观察得特别仔细，植物方面的词汇与知识也特别丰富。在羌族朋友陪我到他们不熟悉的一条沟去的时候，我发现他们很注意路边的植物，常常不住地问当地人某种植物他们怎么喊（植物名），怎么使用，然后和其家乡同类的植物作比较。

文化也影响他们对远近空间和边界内外人群的认知与情感。本家族的地盘在哪里，这条沟的地界在哪里，哪边是"汉人"和"蛮子"的地方。对此我要稍作些说明。过去很多深沟里的村寨人群，心目中的"尔玛"（我们这群人或我族）范围很小，经常只是邻近几个寨子的人。所有上游村寨人群都是蛮子，所有下游村寨与城镇的人都是汉人，尔玛便自认为是被汉人跟蛮子包围在中间的一小撮人。然而自称尔玛的人群，也被上游村寨人群认为是汉人，被下游人群当作蛮子。这种对我群与他群之族群分类的文化观，影响及塑造他们对远近空间与人群的看法。

羌族传统村寨的聚落形态，寨子里的房屋建筑，都循着本地文化被建造，也在本地文化中被本地人认知与评价。村寨的周遭环境（包括上方的神树林），各家房子紧密地建在一起，防卫用途的高耸碉楼，屋外墙面窗子开口小、屋内墙面窗子开口大，高墙上留有对外放枪的眼孔，屋内的铁三脚与神龛，屋内梁上挂的猪膘，屋外堆积的柴火，都是文化建构下的屋内外环境景观的一部分。它们作为社会表征，看在众人眼里而产生意义：哪个是比较安全的村寨聚落，哪个是舒适的房屋，等等。然而这些文化表征背后的人类生态本相却是：资源匮乏，各村寨在资源争夺下的紧张与恐惧（强调防卫功能的村寨、房屋构筑以及碉楼），对冻馁的恐惧（以柴火与猪膘累积多来对抗此种恐惧），以及对自然灾害的恐惧（表现在神树林上）。

这样的人类生态在 1950 年代以后逐渐消失及改变。然而现在我们有另外一种全球性的文化概念：原住民文化或少数民族文化，以及相关的社会现实，让全球许多原住民、少数民族仍保留过去的文化传统与相关文化表征。这种文化及社会现实是由多种、多层面因素造成的。首先，主体、多数族群或城市居民以进步自居，而认为原住民、少数民族或乡下人较落后。其次，在城市居民与自然疏离以及都市环境恶化的情况下，都市人称羡原住民和少数民族与自然和谐的原生态生活，因而鼓励后者保持此种生活与相关文化，都市人也热衷于在假日到原住民或少数民族地区体验他们的原生态文化与生活。最后，原住民与少数民族接受主流社会对他们的如此文化观，以本身的原生态传统文化为荣，也借此发展观光事业，因而实践这些文化。

以村寨建筑而言，这原是过去资源竞争

激烈之现实社会本相下的表相、表征。那种人类生态已成为过去，然而当今在一种刻板的原住民与少数民族文化概念下，他们又被鼓励恢复传统文化，修传统村寨与碉楼。这些为了观光而保存或新建的羌寨、羌城，是在新文化概念下造就的环境景观。这种环境景观，作为一社会表征，强化外来观光客心目中少数民族落后但保持其原生态生活的印象。这样的文化与原生态观念，化为一种审美观（也是一种文化）：一片山坡上高低坐落着一排排的石头房子或茅草房，那是一种美，如果中间出现一座水泥楼房，就破坏了整个的美感。我们须问自己，这样的美感由何而来？

文化与生计　人们从事的各种生计活动，也经常受到文化的导引或约束，如此产生的生计行为也成为文化表征，在他人眼里或在众人的评价下产生社会意义，强化或改变相关文化。若一市集中大多数摊商都以偷斤减两假冒低价等方法做买卖，而无人指责及批评，如此便形成此市集之特有文化。在此文化下，各摊商竞相压低价格，或以劣品充当高档货，这些作为又会强化本地此种文化。

以过去羌族村寨的农作来说，其特色是：其一，田事主要由妇女负责；其二，她们倾向于种多种粮食与蔬果作物。这也是本地一种生产与生产分工文化。其背后的社会现实本相是，在过去这样的山区村寨人类生态中，最小风险之经济考虑远重于最大利益的考虑，以及在同样分散风险的考虑下，男人要外出从事多种其他生计活动，如上山采菌子、药材，打猎，到市镇上找工作或做买卖等。如此形成本地种种生产文化：一年何时种下某特定作物，每种作物的各成长阶段需要何种照顾，何时上山采菌子或药材，以及如何烤干、包扎及背到镇上贩卖，何时及何地宜于打猎，男人们何时离家到外地找工作，所有这些年复一年的活动都循着某种规律，或说是习惯、传统。

所有本地生计活动，都须在各家、各寨、

各村、各沟的地盘内进行，不能轻易越界。
大家尊重他我地盘界线的生计活动，为经常
可见的社会表征，这样的表征也强化本地重
地盘界线的文化。前面我们曾提及本地的山
神崇拜文化。每个寨子都有自己的山神，邻
近几个寨子或一条沟里的几个寨子又有更大
的共同山神。山神信仰与本地流行的弟兄祖
先历史记忆一样，都是强调各人群间彼此合
作、区分与竞争之人类生态。在较汉化的羌
族村寨中，山神被供奉各种菩萨的庙（混合
佛道的民间信仰）取代，但一个寨子敬拜一
个庙，几个寨子又敬拜更大的庙——这背后
的人类生态意义是一样的。

　　我曾在茂县黑虎沟访问一位老人，他告
诉我，他所属的"儿给米"寨又分为上、中、
下寨。庙子中有三尊神，一是龙王，一是黑
虎将军，一是土主。上寨任、余二姓敬土主，
中寨严、王二姓敬龙王，下寨敬的是黑虎将
军。每尊菩萨背后朝向的便是各寨的地盘，
放羊、砍草都不能侵犯。黑虎沟内其他各大

队（村寨群）的地盘就更不能跨越了。由此
更可见人们的地盘界线、生计活动与宗教信
仰文化之间的关系。

在我进行田野考察的 1990 年代，这些已
渐渐成为过去，但有些法则或文化仍然不变。
譬如，国家投入大量资金于民族地区各项建
设之后，新的环境资源产生少数民族地方干
部、教师或其他公职。这些公职被认为是风
险很低的生计职业，因此羌族父母竞相鼓励
与支持孩子们受良好教育，以争取获得这些
生计职业。

1998 年、1999 年长江连着两年发大水，
于是国家在长江上游山区厉行退耕还林政策。
退耕的田地由国家按亩给每户补助。为保护
整体长江中下游环境与人们的生计安全，这
是不得不为的举措，此也显示岷江上游羌
藏族地区是整体中国人类生态体系的一部
分。退耕还林之后，人们便多养些牦牛、马、
羊，因此高山牧场上的草资源变得更为重要。
2000 年时我骑马上山去看牦牛，一路上常需

下马搬开木头栅栏。这是以前没有的现象，是一种适应新的生计竞争的文化。

那些年，我也常听说另一些因生计变迁，或地盘界线改变，而出现的新旧观念或文化冲突。如地方政府为了行政管辖方便，将牧区一草场划归另一行政单位，然后由他处补回同样大小的草场。虽然看起来不失公平，但因为改变了原来山神佑护的地盘边界，引起一些纷争。还有便是，1995 年我曾在松潘买虫草，当时是 2 块钱一根，当地人还跟我说上年才 1 块钱一根。2010 年以后，虫草价格愈来愈高，目前可能 50—60 块钱一根。退耕还林之后，高山上的虫草也成为人们激烈争夺的自然资源。因资源竞争，人们愈来愈不尊重各村各寨的高山地盘边界。2008 年汶川大地震之后，由于绝大多数羌族村寨都搬迁到比较安全的河坝地区，远离原来的高山，人们更不容易保护与主张上面的地盘了。这些纷争与矛盾，经常是人们在一种新的生计与经济动机下，或由地方性进入全国性人类生态系统，所产生的行为表征。

山神——地盘的保护神，也愈来愈没有人祭拜了。约十年前，有一次我问松潘小姓沟的朋友当年祭山神的情况如何。他说大家只在近的地方简单祭拜，只有他父亲一个人按传统走到神山底下的祭场。有一些村寨将祭山神办得比过去更盛大。这是在一种新的产业与人类生态本相下的新文化及其表征。这一产业是少数民族文化观光产业，山神成为观光文化资源。在这样的观光文化下，许多本地传统文化都和山神崇拜一样，被人们添加了许多"原生态的"新元素，以投观光客所好。如此观光文化产生的表征，也强化了人们对少数民族原生态生活的刻板观念。

文化与社会 人类社会中的群体认同与区分，无论是家庭、家族、亲戚、朋友还是本民族之人，都受到各种文化的界定与规范。这些文化，如性别文化、亲属文化、邻里文化、政党文化、阶级文化、职业文化、民族文化、饮食与服饰文化等，都让一社会中各

种社群认同有规律，让人们知道如何与不同
年龄、性别、阶级、职业的人群应对交往，
如何与远近亲人或陌生人、异国人互动。如
此产生的种种社会表征、表相，强化与巩固
社会中各种人类社群认同与区分，以及它们
间的社会阶序高下，如此也维持整体人类生
态的稳固与延续。

譬如在过去的羌族村寨社会中，严男女
之防与男性中心主义的性别文化，长幼有序
的家庭文化，人群血缘与地缘关系密切的亲
属文化，本寨本沟人的认同文化，以及前面
提及的祭山神文化、妇女服饰文化等，都影
响人们日常生活中的言行及其与他人的互动。
不仅如此，人们也借由这些文化来观察、认
识与评价所见外在现象与人群：谁是自己最
亲近的血亲与姻亲，谁的穿着合适或不合宜，
何处的人爱抢人，何处的人狡猾不老实，哪
些是和我们讲同一口话的人。个人的行为表
征，以及对外在表征的认识，都受到种种文
化的影响。便是如此，人类生态中的社会群

体认同与区分之本相，通过文化产生种种表相，而这些表相又合理化社会本相，以及整体人类生态。

另外，有一种更上层的"超文化"，它能整体规划人们所处、所见的世界，那便是人们创作、记忆、回忆与讲述、书写历史的文化。谁是自己的家人，谁是本家族的人，哪些是本寨、本沟的人，以及本民族的人，都和我们的历史记忆与历史记忆文化有关。在上一章中我们提及的，过去流行在羌族村寨中的弟兄祖先历史，这种历史记忆与叙事之规范性或结构性（如各邻近人群之始祖为弟兄），便是受本地一种我称作"弟兄祖先历史心性"的历史记忆与叙事文化影响。

文化是一种人们由社会中得到的共同价值、概念与心态，它让人们的行为皆大致循着一定的规范。创造与讲述、书写历史的文化便是如此，它让人们所记得的或所述、所写的历史有一定的结构。便如我在前面一再强调的，文化是人类生态重要的一部分。人类创作历史的文化——历史心性更是构建人类生态的蓝图。羌族的弟兄祖先历史心性及如此产生的历史记忆，可对历史记忆与人类生态的关系，特别是其中的社群认同与区分之性质，作很好的说明。

荞麦与北川羌族的例子

在川西北的北川地区，20 世纪上半叶时本地山间人群的汉化程度很高。我曾访问几位 1960 年代在此参与民族调查的先生，他们说当初认为羌族只有 3 万多人，都在岷江上游的松、茂、汶、理一带，北川全部是汉人。这与当时一些文献记载相符，北川羌族人口比例大幅增长于 1970—1980 年代。然而在明清时代文献中，毫无疑问，北川山间村落人群被记录为羌，如青片羌、白草羌。因此这涉及两个阶段的族群认同变迁：一是明清至民国时期的汉化变迁，一是 1960 年代以后的"少数民族化"变迁（以本地来说，此指成为羌族或藏族的过程）。这些也反映着两种人类生态及其间之转变：一是传统中原王朝边疆之人类生态，一是各民族多元一体之新中国人类生态。以下我以荞麦及吃荞麦这样的文化表征，来说明以上的人类生态本相变化。

据我在 1990 年代的采访所知，在 20 世纪上半叶，荞麦在本地被人们认为是"蛮子"吃的粮食。当时在此"蛮子"并非绝对而明确的族群身份。大家都自称汉人，骂上游村落人群为蛮子；被骂成蛮子的人，也自称汉人，而称更上游的村落人群是蛮子。这便是，此时人们仍记忆犹新的，过去"一截骂一截"的情况。

首先，荞麦这个粮食作物，耐寒、耐旱、耐贫瘠的土壤，因此愈往河川上游生产条件差的地方，愈是只宜种荞麦。所以人们很容易认为上游村落的人以荞麦为主粮。其次，比起小麦、大米，荞麦磨成的粉及做成的食物颜色要黑一些。上游村落的人，因谋生不易，曝晒在阳光下劳动时间长，所以皮肤要比下游村落的人黑一些。于是，人们便普遍将荞麦与蛮子结合在一起。以罗兰·巴特的分析来说，荞麦此符号的第一层意义是一种粮食，然而社会赋予它另一层的意义，那便是"蛮子"。其实在那个年代，白草、青片等溪河一带的山间村落人群都或多或少地吃一些荞麦，但大家都很忌讳让他人看见或知道自己吃荞麦。

在 1980 年代的几次人口普查中，愈来愈多的北川山间村落人群将自己登记为羌族，此时北川羌族人口大幅增长。1990 年代我在此地进行田野考察，此时北川人在当地知识分子领导下，努力从各方面强调羌族认同与羌族文化。在此情境下，荞麦被建构成羌族民族传统食物。这样的文化表征表现在各方面——通过本地羌族对外来者强调及解说这一点，通过他们请外来者吃荞麦馍馍或荞麦面，以及通过一些出版品。如新编《北川县志》里有一则本地传说故事《荞子与麦子》。故事内容讲的是，麦子瞧不起荞子，理由是荞子的面粉太黑。而荞子说，我虽然黑一点，但一年收两季，还在屋头里过年，你麦子一

年只收一季，还在坡上过年。把麦子气得肚
皮上裂了一道口子。更有意义的是，此故事
之后有一编者按语，称"这也从另一个侧面
看出羌族视荞麦为本民族谷神，从而存有对
其偏爱的心理"。

大概 2000 年以后，我发现北川人也和外
面大城市里的人一样，把荞麦当作绿色原生
态的养生食品。过去的粗粮荞麦，经过加工
并混合其他如燕麦、大麦等谷类，便可以在
超市中卖到很高的价格。这背后是较富裕之
人类生态下的消费文化，人们吃荞麦等绿色
健康食品以表现自己对健康身体的重视，代
表都市人的高知识与身份认同。所以，由荞
麦以及吃荞麦这样的社会表征，以及人们赋
予此符号的不同意义，我们可以了解北川近
一两百年来的人类生态变化。

台湾高山族农业

过去台湾的排湾、鲁凯、邹、卑南、阿
美等族群都以小米为主要作物，此人类生态

中之生计重要性反映在文化上的便是，在小米播种、长苗芽及收成等阶段都常有一些传统仪式，一般简称为小米祭。日据时期，日本为使粮食增产以支持太平洋战争，曾鼓励或强迫台湾人种水稻，并为此建沟渠引山泉灌溉。二战结束后台湾光复，这些水稻田及沟渠因受台风及暴雨破坏，逐渐被放弃。部分部落又恢复其小米及其他谷类、根茎类作物种植。由于在人类生态中与台湾平原地区关系日益密切，生计手段多元，农业种植之作物种类也多元，因此小米逐渐失去其在人们生计上的重要性。

虽然如此，1990年代以后，在当时台湾之人类生态下，高山族认同与其文化愈来愈受重视。许多高山族也因此将小米、狩猎等过去的重要生计手段符号化，以强调其不同于汉裔台湾人的族群认同。这可说是，种小米由一种重要生计策略，转变成一种文化表征。

在2018—2022年台湾农村社会调查之

田野中，我在新竹县尖石乡观察到的一些现象，可为文化表征与社会本相的关系以及两者之变迁提供另一例证。此时，台湾高山族地区的谷物种植早已无利可图，其农业主要依赖家庭式蔬菜、水果小规模生产。其环境优势为地理位置高寒，可以种植平原不宜种植的蔬果，以及补充供应城市非产季时所需菜类。其劣势为山区气候变化大及无常，以及运输交通不便。然而其更大的劣势在社会与文化方面。

首先，都市人的绿色有机食品消费文化。这一文化原来对高山族农业有利：人们认为高山族生产的蔬果较自然。然而有机食品认证制度也是此消费文化的一部分。高山族之农产规模小，无力负担认证费用，因此难以卖到好的价格。再加上许多人认为高山族农业生产成本低，生活需求低，因此常试图以低于市场的价格来购买其产品。

其次，有些高山族所从事的不是一般意义的有机种植，而是所谓的自然农法：一种完全不用杀虫剂，不用化肥，甚至不除野草的农作方式。我曾访问一个以此方式种茶树及果树的当地人。对于他的农作方式，他非常自豪于本民族注重自然以及与自然和谐相处的文化。然而他也承认自己的种植相当失败，产量低且很难卖出去，以致生计都有了问题。我问他："这样子生活都有问题，怎么办？"他回答道："经济收入不重要，保持我们的文化比较重要。"

另一次，我和助理们到台东县一高山族乡考察。一位种小米的当地人告诉我们，他自己种的小米在收成前约三分之一会被麻雀吃掉。但他非常自豪于自己不用任何驱逐或防范麻雀的方法，他称："因为我们高山族可以与自然共存。"他的办法是，次年开辟更多的山地来种小米，以增产来弥补麻雀造成的损失。他又抱怨台湾进口外来小米，让小米市场价格十分低；原来小米的市场需求便小，如此让他成本较高的小米更难卖出去。我们问他，有那么多的困难为何还要种小米。他想了想回答道:"这是我们的文化,我们的传统作物。"

以上这两个事例,反映不同时代的人类生态、文化与文化表征。在过去部分台湾高山族的人类生态中,小米种植曾是其重要生计手段,由此发展出与小米种植与收成相关的仪式活动。小米种植田间工作及相关仪式活动皆成为社会表征,看在人们眼里,强化其心目中小米之生计重要性此一社会本相。当高山族之环境、生计、社会、文化愈来愈成为整体台湾人类生态的一部分之后,各族群之高山族身份认同,使他们接受主流社会强调的"民族文化"。虽然以部分文化内涵来说,如种植小米、举行小米祭、喝小米酒、打猎,和过去是一样的,但其符号表征意义大不相同。受到20世纪上半叶人类学之刻板文化概念影响,种小米与打猎成为包含高山族生产较落后、与大自然和谐相处之原生态生活、其社会组织功能与结构完整等内涵之文化符号。部分高山族接受这样的身份与文化认同，在生产活动中实践这样的文化，如此造成的社会表征强化其在台湾之社会、经济边缘性此一本相。

由表相观其本相：凹凸镜隐喻

如何由表相认识本相？此涉及文本与表征分析，而各相关人文社会科学学科皆有其方法见解。它们间隐约有一交集，那便是为了脱离典范知识的约束，我们需关注边缘（periphery）、异例（anomaly）、混杂（hybridity）与断裂（discrepancy）等现象。这是由于典范知识及其权力经常刻意让我们忽略或看不见这些，所以逆其而为较容易见着事物的本相。另外便是以多视角来观察、跨学科地探讨，以及听多元的声音，如此我们的意识与思虑较不易为一些社会建构的规范所掌控。这是我从羌族田野中所得。我未按照传统人类学的做法，找一个典型羌族村寨进行一两年的田野调查（所谓蹲点），而是不断地移动，从各村寨的文本、表征与人类生态情境的差异中思考其意义。

以下，借着弟兄祖先历史心性（文化）与其产生之弟兄祖先历史（文化表征），说明我们如何由社会表征认识社会本相，或者说如何由文本（text）认识情境（context）。这涉及文本与表征分析。如前所言，不同学科与个别学者，对于文本与表征分析或有不同途径与逻辑。在此方面，我的方法得自我的多点田野：在多个田野地点观察与搜集本地种种表征与情境，然后比较它们的异同，尝试了解表征与情境之结构和符号如何相对变化。譬如，我将前面提及的松潘小姓沟埃期村视为受汉化、藏化影响相对较少的田野点。由此，我将田野观察点移到北川小坝乡内外沟、理县蒲溪沟等受汉化影响较深的地区，看看本地社会情境与历史记忆文本之结构和符号发生什么样的变化。而后我又将田野点移到大渡河流域的嘉绒藏族地区，同样观察本地人讲的历史与其社会情境之间的关系。

前面我们曾介绍北川小坝乡与理县蒲溪沟羌族村寨民众的几则弟兄祖先历史记忆。这一类较汉化羌族地区流传的弟兄祖先历史有些共同特色。首先，因人们有了汉姓，家族血缘人群认同与地缘人群认同分离——人们不再认为住得近的便是与自己血缘关系密切的人群。其次，与此有关的，人们常认为家族始祖的弟兄及其后代住在远近汉人地区，借此宣称（或想象）本家族毫无疑问的汉人祖源。再次，人们建构及相信的弟兄祖先历史，并非本地所有村落或家族的祖源历史，而只是部分本地村落与家族祖先的历史，因此本地各人群有了老居民与新移民之分。最后，这些弟兄祖先历史中常出现汉文化中的地理空间与历史时间概念，如湖广填四川的时候、清代，以及河南、灌县、川东等地名。这些都与流传于松潘、茂县等汉化程度较低的羌族地区之弟兄祖先历史有结构与符号上的不同，反映了文本与情境的相对变化。

大渡河流域的嘉绒各村寨人群，过去

（清代至20世纪上半叶）的社会情境部分与
其右邻羌族十分相似，有地盘家神信仰与山
神信仰，有石构房屋与高耸的碉楼，邻近地
区村寨人群的语言经常彼此不能沟通，这些
都显示这里有和岷江上游藏羌村寨人群类似
的人类生态——以男性家族为主而女性居于
边缘的社会，孤立的村寨或村寨群之社群认
同，邻近人群彼此合作、区分与竞争。与后
者不同的是，首先，过去嘉绒各村寨人群皆
受本地强大土司之统治，各土司间常有彼此
合作与对抗的关系；其次，嘉绒各族群深受
藏传佛教影响。

　　以下为两则马长寿先生采集于1940年前
后的本地各土司家族历史记忆。一则是马先
生得于瓦寺土司家一位龙书喇嘛（土司之弟）
之口。该说为，金翅大鹏鸟生了三个蛋，一
黄、一白、一黑，蛋中孵出三个小孩来。黄
卵之子就是丹东、巴底土司的祖先，黑卵之
子成为绰斯甲土司的祖先，白卵之子成了瓦
寺土司的祖先。这一文本，与流行于松潘埃

期村等羌族地区之历史文本相同，都有弟兄祖先历史之结构。不同的是，它的前半部多了一大鹏鸟产卵生子的故事，而且更重要的，它不是所有本地民众的历史，而只是统治者家族的历史。

另一则是马先生采自当时的革什咱土司（或称丹东土司）邓坤山之口。他称，丹东土司的远祖是从琼部来，琼部是从前琼鸟降下的地方。由始祖到现在已有 35 代，初迁来时是兄弟 4 个人：一个到绰斯甲，一个到杂谷，一个到汶川，一个到丹东。这一则嘉绒革什咱土司的家族史，同样的，其主体结构是弟兄祖先历史，在此之前也有关于琼鸟传说。然而称琼部是琼鸟所降之地，而未提及祖先为琼鸟之卵所出，叙述者似乎刻意淡化此说的神话性。

因而很明显的，嘉绒各土司如此之祖先起源历史记忆文本，反映的是本地有统治者和被统治者之分的人类生态，以及受藏传佛教（特别是苯教）影响的人类生态。至于这些祖先历史皆与其被统治的村寨民众无关，此一文本结构及其文本表征也见于先秦文献中春秋战国时各诸侯国的历史：巴、蜀、吴、越、楚、秦人的起源历史，都是统治家族的历史，而不涉及老百姓。

对于这样多元的本相与表相比较方法，我在《反思史学与史学反思：文本与表征分析》一书里用了一个比喻，那就是移动一凹凸镜来观察镜下之物（本相）。简单来讲，凹凸镜面上的呈像（表相）是扭曲变形的，因此凹凸镜如同我们的社会文化与刻板的学科法则，让我们永远无法看见镜下之物的本相。克服此困难的一个办法便是移动这透镜而从不同角度观察此物，然后比较镜面上的表相变化，找出它们间的结构性共性（如弟兄祖先历史记忆之结构）及差异。用这样的方式，我们对镜下之物应有进一步的认识。这种方法更重要的价值并不是让我们认识镜下之物，而是让我们认识这透镜的性质——也就是我们（包括羌族、藏族与我）的各种偏见。如此我们或可以跳出典范知识建立的虚构世界，认识一人类生态本相，并以行动修正此人类生态中环境、生计、社会、文化各层面的缺陷与彼此失调。

7

文明人类生态与全球化

为了深化我对羌族"毒药猫"传说与相关社会现实的研究，2017 年我赴意大利进行了一项简单的田野考察。这也是对文本表征与情境本相的比较研究。将羌族的毒药猫故事文本与社会表征，与西方类似的女巫故事及其社会表征作比较，期望了解它们间相似及相异的人类生态本相。由于此时我已开始规划台湾农村社会文化调查之大型计划，所以我也趁这次机会看看意大利农村的情形。

一个意大利山村的人类生态

在意大利中西部山村的一户人家中，我们吃的早餐都是主人自家田里的产品。听到我们的夸赞，这位老农人十分自豪地谈着他的农田。后来，他突然忧心忡忡地问陪着我去的一位意大利博士后学者："我们农人该何去何从？"他说："我喜欢我过去的生活，种我自己的东西，供应这儿的市场。可是现在市场上都是外面来的蔬果，人们不需要我们小农户的东西了。"更让他忧心的是，邻人一家家地将房子卖掉，而成为邻近德国人和法国人的度假屋——农村成了度假村。

这个村子叫特雷欧拉（Triora），在1587年到1589年间这里曾发生严重的猎巫事件。几乎和近代初期欧洲各地的很多猎巫事件之发展模式一样，最早猎巫发生在山村，被当作巫的受害者是穷人或其他社会边缘人，然后蔓延到城市，最后连部分贵族、教士等社会上层人士都被当作巫受审、处死。特雷欧拉村的案例也和许多猎巫案一样，刚开始只是村民之间的闲言闲语，后来宗教和政治威权介入。先是热那亚共和国派一些人来调查（本地当时属此共和国），后来罗马教廷也介入，结果在审讯与囚禁过程中因虐杀与自杀而死了不少人。最后也和很多地方一样，当贵族与教士也被当作巫处死时，一地之猎巫风潮便进入尾声。

我们看看相关的人类生态表征，即上一章提及的文化表征。图 7-1 是特雷欧拉村的

图 7-1　意大利特雷欧拉村的房屋

房屋建筑，从中可清楚地看到，紧紧聚在一起的石砌房子，建在很险要的半山腰或山坡顶上。除了上层新增建的部分，外墙上的窗口都非常狭小，窗边可能为对外放枪的眼孔，这些都和羌族传统村寨建筑非常相似。靠山崖的村落边上有如碉堡的建筑残迹（见图7-2），当地一博物馆陈列的旧照片中，有一和羌族碉楼十分相似的无窗建筑之砌石残墙。这样的环境与聚落形态表相，似乎显示本地有与过去羌族村寨类似的社会本相——资源

图7-2　特雷欧拉村的山崖边上有如碉堡的建筑遗存

匮乏，人群间的资源竞争激烈。这里流传和
羌族毒药猫传说相似的女巫传说，也是同一
人类生态本相下的表相。

欧洲流行的女巫传说，其叙事结构大致
为：邪恶的女人企图残害自己家人或邻人的
小孩，最后她被一青壮男子杀死。其中的一
些叙事符号，有魔女、猫（前者的助手或化
身）、夜间骑扫帚飞行、众女巫夜聚吃人宴
乐。这些都与羌族的毒药猫传说十分相似。
在羌族过去的传说中，毒药猫专门害自己的
亲人或邻居的小孩，她常化身为猫，骑乘厨
房里的面柜子飞行（面柜子与扫帚同为女性
家事工具，同样被用于影射女性），夜间一
大群毒药猫聚集，宴乐、赌博、吃人肉。这
些相似的叙事结构与符号，表示它们是在同
样一种社会本相下产生的表相，或文本表征。

农村原初社群人类生态与猎巫风潮

流行毒药猫传说与女巫传说的偏远村落，
在古今世界上都非常普遍，现在我们一般称

之为小型传统农村。这样的农村通常居民不及百户，村民亲属关系非常密切（特别是其中的男性）——在这样的农村里，邻人都是亲人，亲人都是邻人。在此人们常以讲毒药猫或女巫的神话传说故事，或说村中某人为毒药猫或女巫的闲言闲语，来消除他们对外界的恐惧，并化解内部矛盾造成的社群团结危机。这样的行为表征一般较温和，不涉及严重的肢体暴力。

然而在近代初期欧洲各地却发生严重的猎巫风潮。这便是，当我们的凹凸镜移至近代欧洲村落的人类生态，我们在镜面上看到不同的表相，这显示这里有和过去羌族村寨不同的人类生态本相。这样的本相是，外界的政治与宗教威权介入农村，城市中的上层人士开始关心社会底层村民的灵魂纯净和救赎问题，因而造成严重的刑求、处死等暴力。与之相反，20世纪上半叶羌族高山村寨中并没有发生这样的暴力，就是因为那时的国家威权并不关心村寨民众的人格或灵魂问题。

　　2017 年以后的几个暑期，我几度到意大利、捷克、波兰等地，考察过去有猎巫历史的乡村与城镇。一些历史学者如《菲利普二世时代的地中海和地中海世界》（*The Mediterranean and the Mediterranean World in the Age of Philip II*）之作者费尔南·布罗代尔（Fernand Braudel）已指出，许多猎巫案都起源于山村，然后扩及城镇及都会。布罗代尔在他这本名著中对此有一简单的解释：因为山村的民众特别迷信，所以猎巫风潮都从这儿发生。这样的解释过于简单，更无法解释为何猎巫风潮会波及城市。为什么猎巫后来会蔓延到贵族和教士社群中？我对此的解释，是将如羌族村寨这样的社群称为"原初社群"。在这样的社群中，成员凝聚团结有如兄弟姐妹，并紧紧聚集在一共同空间，恐惧于外面的世界。我认为，人类从来没有离开这样的原初社群，即使是欧洲社会上层的教士、贵族，他们仍然聚集在一个个的小圈子里，大家彼此团结，但又恐怕有外敌侵入本社群。如此，猜疑及猎杀一内部敌人（巫），便是克服内外恐惧以团结社群的一种手段。

在这些研究中，我的田野研究点由过去的羌族村寨，转移至近代初期的欧洲山村；由小区域及村落的人类生态，转移至"文明"国家及都市之人类生态。我所观察、分析的社会表征，由过去羌族村寨中的毒药猫故事与闲言闲语，到近代欧洲发生的猎巫事件及各种文献（包括各种法庭供词），以及欧美猎巫风潮之外的全球各种"猎巫"——对内部敌人的猜疑与暴力——现象。在进行这些比较研究时，羌族村寨中关于毒药猫的文本与情境资料，以及我由此及其他发展出的表相与本相对应的分析方法，提供了许多帮助。

文明帝国人类生态

2022 年我到意大利的罗马、西西里，以及希腊的雅典、德尔斐（Delphi）等地，参观一些希腊与罗马古文明遗址。这是由对羌族毒药猫与西方女巫传说的研究，特别是与之相关的"原初社群"村落，而引起的有关"文明"的新探索——由人类生态的观点，来思考由新石器时代聚落到文明帝国的人类社群变化，以及支持这些社群的历史记忆及其演变。

在考察希腊德尔斐之阿波罗神庙遗址（见图7-3）的过程中，耐不住夏日的酷晒，以及一层一级向上登爬之劳累，我与妻子坐在主遗址建筑边上一石头矮墙上休息。此时我注意到，这是古代一排水沟渠的边墙，其功能应是将山上流下的水从主建筑区的边缘

图7-3 希腊德尔斐阿波罗神庙遗址

引下山。排水沟的底面铺着一片片的长方形石板，每块石板中间都挖出弧形的凹槽（见图 7-4）。就这么一块不起眼的石板，都需要至少两个成人才搬得动，更不用说将它从石山上凿下来，将它搬上山，以工具修边及凿出凹槽，这些过程需要多少人力。而这只是整个一大片遗址区内的一块石板。我望着眼前这一大片遗址，心里想着这是多么疯狂的建筑规划，要花多少人力、时间才能造出如此景象，需要施展多少权威与暴力才能让那些劳动者就范。参观博物馆也是考察行程的一部分。在这些展现希腊与罗马文明的博物馆里，各种雕塑和其他工艺展现的艺术与科技成就令人叹为观止。虽然我大饱眼福，但并不感到意外。因为，便如这博物馆中的陈列，我自小便学习以此方式认识文明——文明是那些宏伟的建筑、高超的科技与艺术成就、伟大哲人的思想，以及战功显赫的大帝国与其将军、帝王等。然而我们可能忽略了文明实为一种人类生态，前面提及的建筑神

图 7-4 阿波罗神庙遗址中的排水沟

庙的劳动者也是它的一部分。

如此看待文明，走在罗马或那不勒斯街上，我们可以观察一层层文明的文化表征，思考它们背后的人类生态本相。一些可能有数百年历史的近代或中古教堂建筑，其地面下常有两千多年前的希腊罗马文明遗存。意大利南部向被该国北方人戏称为"意大利的印度"，喻意该区域之"异国风味"及"异域性"。南方大城那不勒斯更为其代表：历史上多个外来帝国势力在此交锋，在建筑、饮食文化等方面留下许多遗痕，让此城市成为多元文明之历史观光名城。然而本地当前的人类生态本相为：高失业率、公共卫生恶劣、城市治理失序、贫穷、黑道横行等问题彼此交缠。其表征也处处可见，如僻巷墙上的涂鸦。

图 7–5 中墙上的涂鸦作品，边上有几位著名人物的照片或画像。最上面的一位是中世纪时的特蕾莎修女（Teresa of Ávila），一个叛逆的修女，强调持守贫俭以追求圣灵生

活，对当时天主教会的改革有巨大贡献。中间一位是罗莎·帕克斯（Rosa Parks），著名的美国人权运动斗士，因拒绝在公车上让座

图 7-5　那不勒斯街边墙上的涂鸦

给白人而入狱，并展开不屈服的诉讼。最下面的一位是汉娜·阿伦特（Hannah Arendt），以批判极权主义著称的学者。涂鸦者似将她们当作救世英雄，除了支持这些女性对宗教、种族、政治威权的反抗外，是否也表现一种对此文明古城之当今人类生态现实的无奈与愤怒，以及对一些理想的渴望？

因此，将文明视为一种人类生态，我们对文明可以有一种新理解：那些被陈列在博物馆里的，被许多历史学者歌颂的，也是一般民众观念里的"文明"，只是此一人类生态体系的上层构造而已。被人们忽略的是文明的边缘和它的底层。

人类早期文明人类生态

我一向认为边缘是我们了解社会本相的最佳观察点。了解文明的本质，一个应深入考察的边缘便是人类由新石器时代晚期进入文明的过程——在这个人类由"原始"到"文明"的过渡阶段，究竟发生了什么样的环境、生计、社会与文化变迁。

　　新石器时代早中期的人类聚落，可能是
其成员的血缘和地缘关系相叠合的社群，如
过去羌族村寨那种聚落，我所称的"原初社
群"。大家谨守自己的地盘，恐惧外在世界，
不敢往外扩张；邻人都是亲人，亲人都是邻
人。这样的村寨领域小，人们没有远方的邻
人，也没有远方的亲人。这样的聚落，一般
来讲不超过百户，50户左右是常态。几个邻
近聚落，以及各聚落内的小地域社群，大家
对内合作以保护地盘资源，彼此区分各自的
地盘，也因此时有竞争与冲突。这或许能解
释为何新石器时代早中期人类社会的发展变
化缓慢。人类花了5000至8000年进行所谓
新石器时代革命。然而事实上，巨大且快速
的改变主要发生在新石器时代晚期。

　　对于这一过程以及相关因素，考古学者
已有很丰富的研究。一般认为，因定居及农
业生产，人口与聚落增加，如此造成各聚落
人群间愈来愈激烈、频繁的战争冲突。接着，

大型聚落或防卫性的城与边墙出现，聚落中社会阶层化，反映在大型并有丰厚陪葬品的墓葬，代表威权的器物，以及制度化的暴力杀戮等上。这些现象并非在全球各地发生，也非如一直线般发展，而是只发生在特定环境，其发展也有起有伏。在这方面，人类学者詹姆斯·斯科特（James Scott）在其《作茧自缚：人类早期国家的深层历史》（*Against the Grain: A Deep History of the Earliest Agrarian States*）一书中有很好的分析。

后来可能是一个决定性的环境因素，让人类朝向文明大步迈进而自此不再回头。这种环境变迁便是大约发生在 4200 年前全新世最显著的干旱事件，即所谓 4.2 千年事件（4.2 Kiloyear Event）。此时全球多地区皆迅速变得干冷，持续几个世纪。中东美索不达米亚的阿卡德帝国遭遇严重干旱，农业生产衰落，城市废弃，最后帝国崩溃。北非尼罗河流量减少，农业衰落，社会冲突增强，导致埃及旧王国金字塔时代结束。同样情况发

生在印度河河谷，造成印度河文明衰退。在
中国，前一阶段的文明进程便是苏秉琦所称
"满天星斗"的早期中国多元文明之起源；后
一阶段则是距今4000—3500年，中原地区
几乎是一枝独秀的文明发展，及至商王朝出
现。前述发生在4200年前及其后两三百年的
干旱事件，造成中原之外的良渚文化、李家
崖文化、齐家文化等文明皆在距今4000年左
右陨落。我称此后一阶段变化为"月明星稀"
的过程。

　　在这个过程中有一个关键因素少有学
者注意，那便是人类社群及其集体记忆的变
化。全球所有早期人类文明，都借着统治者
"家族"建立的政治体——无论是国家还是
帝国——来维持、扩张及延续。这样的社群，
其成员以共同的祖先血缘记忆来彼此凝聚。
因人群的血缘和地缘关系分离，家族成员可
以分散在很广大的地区。借着共同的血缘符
号（如姓）和祖先血缘谱系记忆（族源历
史），他们得以彼此联系、相互奥援，这就

是最早的统治阶层。而未经此变化的广大原初社群，其人便成为受前者统治的被统治者。

农业在这个过程中扮演的角色值得我们注意。考古学家告诉我们，农业是人类进入新石器时代生活的基础，它也和文明的诞生有密切关系。因此学者们常用"新石器时代农民"这一词。这种看法似是而非，至少是过于简化。首先，新石器时代的聚落人群以多元手段来维持生计，农业种植只是其中之一。其次，粮食作物有一些重要特质：第一，植物离不开土地；第二，植物由生长到成熟需要一段时间，也就是种植作物，人们要在土地上投入种子、劳力并等待一段时间才能收成；第三，照顾粮食作物的人们因此离不开土地，且在等待收成的时间里人和作物都需要得到保护。

显然，农业的这些特色，使它成为统治者能控制大量人类社群的有力工具。提供种子、食物和保护的统治者，能够借着农业生产来控制人们，由此获得大量的食物和其他资源，然后借着分配这些资源，建立阶序化的社会和统治威权。他们也因而有物资、人力、时间来从事其他的发明建设与休闲享受，以及精化他们的战争、统治和管理技术，人类就此进入文明的人类生态。所以，我难以同意人类因行农业而一步步走向文明的看法。原因是，在进入文明的转变过程中，统治者家族社群以种种手段迫使众多原初社群的人们专注于农业生产，减少其从事其他生计的机会，于是广大的原初社群从此成为农村，其人众成为农民。前面提及的希腊文明大型神庙建筑工程，和其他类似的宏大文明工程一样，可说是早期文明帝国之统治技术尚不太成熟时一种笨拙的控制大量人口的方法。同时这样的宏大建筑，也让政治威权可被人们看见，并深切地感受到。总之，农村、农民与文明共生——有农村、农民才有文明，也由文明而造成农村、农民，以及其在文明人类生态中的处境与命运。

由人类生态观点，一般所谓文明只是此

人类生态的部分与上层结构，以及其虚假表相，而农村与农民则为其底层。另外，亦由此观点来看，全球各地文明并无一致的性质，而因环境、生计、社会、文化之别各成为特定人类生态体系，各有其优点与缺失。

殖民帝国文明与全球化人类生态

世界各区域性文明人类生态，除了需面对自身的环境、生计、社会、文化等问题外，目前更大的挑战在于它们被纳入全球化人类生态中，因而产生许多内部失调和与其他文明的冲突。虽有更早的源头，15—16世纪西班牙、葡萄牙所谓"地理大发现"，16—17世纪英、法、荷等国许多海外殖民地之建立，到18—19世纪资本主义、社会主义、民主思想、民族国家等一波波的思想与相关政治、社会、经济潮流，逐步建立起一全球性的人类生态。以下我以两部西方著名电影作为此全球化人类生态之表征，来分析其本相。

第一部是"007"系列电影的男主角肖

恩·康纳利（Sean Connery）早期主演的成
名作——出品于 1975 年的《将成为国王的
人》(*The Man Who Would Be King*)。内容描
述大英帝国驻印度军队里的两个素行不端的
军人自军中退出后，约定同甘共苦，到印度
北方去打下一片天下。两人带着枪和简单行
囊，来到今日阿富汗东北与巴基斯坦交界一
带。经由种种好运，由肖恩·康纳利饰演的
那位军人，居然被当地人视作神并受拥为王。
他很努力地带领当地人，将自己当作一个真
正的王者，但最后他的神性被揭穿。最后他
踢着正步，唱着军歌，走上一条他带领民众
修建的索桥；土著把索桥切断，让他跌入深
谷。这些像是神话般的英雄故事情节，作为
一种表征，其背后的本相是西方创作者（原
著作者及电影投资者、编导等）对殖民帝国
主义仍然保有的信心，相信殖民者能为土著
带来各种利益与文明。其电影情节隐含的另
一社会本相是一种普遍性的文明中心主义偏
见与想象——一位由文明核心来到边远异国

的失败英雄，也能成为土著的领导者或神。中国古史记载中的太伯奔吴等史事，也同样是文明中心主义想象。

另一部电影是发行于 1962 年的更著名的《阿拉伯的劳伦斯》（*Lawrence of Arabia*）。这部电影的主要情节为由彼得·奥图（Peter O'Toole）主演的英国军官劳伦斯，如何率领阿拉伯各部落的人，打败其邪恶统治者奥斯曼土耳其帝国，并尝试协助他们建立独立国家。电影的部分情节为劳伦斯对英、法等国不放弃其帝国主义野心，因而不乐见阿拉伯各部落团结建国，感到相当失望。这似乎反映部分西方或欧洲人士能站在阿拉伯人立场（此反映在劳伦斯身着阿拉伯服饰），对自身殖民帝国主义有批评与反省。然而殖民帝国军人拯救土著这样的主题仍然未变，西方及其文明中心主义也仍然存在。

类似的意识形态偏见，也通过"女性被殖民者爱上殖民帝国军人或平民"这样的主题呈现在影剧媒体上，而成为普遍能见的社会表征。这样的电影与戏剧如迪士尼动画电影《风中奇缘》(*Pocahontas*，1995)，讲述一位印第安公主爱上一位英国军官的故事；歌剧《蝴蝶夫人》(*Madame Butterfly*，1904)，讲述日本艺妓爱上美国军官，并最后因为他的无情而自杀的故事；《苏丝黄的世界》(*The World of Suzie Wong*，1960)，讲述一位英国画家与香港妓女苏丝黄之间的爱情故事；《西贡小姐》(*Miss Saigon*，1989)；讲述越战期间一个越南妓女和一个美国海军陆战队员之间的爱情故事。这些电影或戏剧皆通过性别、职业等角色符号，以及结构化的情节，表现被征服者（女性）如何心甘情愿地爱上殖民征服者（男性），甚至因此受害而无悔。影视作品为当代强势媒体，它们造成的社会表征，更能够影响人们而稳固相关的人类生态本相——殖民帝国主义全球扩张造成的全球化人类生态，以及此人类生态下之核心优势者（欧美）与边缘弱势者（曾被殖民统治或侵害的东方与整体第三世界）之区分及彼此关系。歌剧《西贡小姐》于2024年美国介入南海争端时，到菲律宾等地上演。这作为一种表相，神奇且戏剧化地印证了表相与本相间的密切关系。

19世纪末至20世纪上半叶，世界各地皆不同程度地进入此全球化（以及现代化）人类生态。此时经常举办的世界博览会，便是此人类生态的展场。这样的展出常有两大主题，其一是强调西方的科技进步，其二是展示来自全球各地的珍奇文物、动物与奇风异俗，以强调其落后与坚守旧文化传统。图7-6为1904年美国圣路易斯世界博览会的海报。图片中间那位女性手上拿着火炬，代表当代文明进步之光辉。她后方的阴影里坐着一位面容愁苦的老年女性，像是一位女巫，旁边还有一只猫或猫头鹰，这些代表西方早已甩在后面的过去阴影，更凸显当代的光明与进步。图片的三个边上有一些人像，这些表现各民族的人像，由右上至左上，然后至左下及下排，顺序排列着欧美绘图者心目中

图 7-6　1904 年美国圣路易斯世界博
　　　　览会的海报

文明程度不同的人群。最高位阶的是欧洲人、土耳其人、日本人，最低阶的是非洲人。这张海报是一种表征，其背后的本相是西方强权国家建构的全球化人类生态理想或蓝图。

后殖民时代的人类生态反思

1980 年代以来全球学界愈来愈多基于后殖民主义（Post-Colonialism）之省思，强调重新审视殖民历史，揭发殖民者对被殖民地区人民的剥削和压迫，以及前者如何通过语言、文化与历史建构让后者就范。电影《阿拉伯的劳伦斯》后来一再被播放，多少也因其顺应此潮流。

更清楚呈现此主题的影视作品为 2009 年上映的电影《阿凡达》（Avatar）。其主情节为，一位来自地球的军人杰克被派到潘多拉星球，受命参加地球殖民军团的阿凡达计划，以科技化身为土著纳美人，打探后者之神树与其下珍贵矿产的秘密。后来他与纳美人公主相爱，经历一些如神迹般的遭遇，而成为纳美人的军事领袖。最后，他带领纳美人击败企图摧毁神树以夺取矿产的地球殖民军团。

这部电影中的男主角杰克，以及和他同样不满己方殖民军团之作为的女科学家及军人，代表的是对过去殖民帝国之横暴作为有批判与反省的一群人。因此电影情节反映的时代本相是西方后殖民主义者对其过去殖民帝国历史的反思。然而其主调仍是"因我们的反思而让土著得到拯救"。而且其情节仍然遵循一种文明叙事，即我在《英雄祖先与弟兄民族》一书中指出的"英雄徙边记"模式化叙事——一个来自文明核心的失败或受挫英雄来到远方异域，成为当地人的领导者或神性王者。因此这电影发出的表征信息，一方面告诉大家西方强权国家已对过去殖民帝国暴行历史有所反省与反思，另一方面也提醒（或暗示）观众，西方先进国家对过去的反省让被殖民者及其美好家园得到拯救。

此电影传递的另一重要信息是土著纳美人与其环境里之动植物间的紧密联系与和谐

关系。电影中的相关情节与画面皆为种种表征，产生它们的全球化人类生态本相是，近数十年来人们一再强调和呼吁的环境与自然资源保护，以及已开发发达国家希望和鼓励过去被其殖民统治的国家为地球保护其良好环境（特别是森林）。更重要的是《阿凡达》成为史上票房最高的电影之意义。它是本相创造的表相，而这样通过高票房呈现的大量表相，更能强化其背后的人类生态本相。

全球化人类生态及其危机

电影《阿凡达》只是今日全球化人类生态危机的一个表征，一个部分表征。它反映的不只是人们任意开发环境资源、破坏环境的危机，也透露出西方国家将保护环境的责任委于未开发国家的企图。后面我会说明，这是正在进行中的另一全球人类生态危机。

我们大略谈谈今日全球人类生态的一些显著危机。在环境与其边界方面，首先便是前面提及的环境保护，以及相关的全球变暖、极端天气、高度都市化造成的环境危机，全球化工商环境之解体危机，以及各民族、国家、宗教、文明圈等人类社群间的生存空间与资源边界争夺等。

在生计和经济方面，首先是粮食生产、消费和分配市场化。传统农民"一分耕耘一分收获"的劳动美德已不实际，无法掌握市场动向及流通渠道的农民，常常丰收也难以换得预期的收入。与之相对的是科技化大规模生产的农业，这方面的生产无可避免地被操纵于有广大土地、高农业科技及掌握市场的殖民大国（如美国、加拿大、澳大利亚等）之手。大多数国家之粮食生产已无利可图，只在各国为了粮食安全的策略性补助下勉强生存。

其次，让我感受最深的是工业、科技与商业方面的变化。3C 产业——消费性电子（consumer electronics）产业、计算机（computers）产业、数字通信（communications）产业——改变我身边的世界与人。端看地铁上有多少人在低头看手机，便知道它造成多大的改变；如果您发现自己因忘了带手机才能见到此现象，便知道它对您自己造成多大的影响。与此相关的，是注重知识产权之法律愈来愈严苛，不仅如此，它还成为一种道德、一种文化。道德与文化让我们循之而为，而不知其背后的人类生态本相：科技研发公司与产品代工公司、工厂之间极不合理的利润高低分配。与之相关的另一种全球化本相是，全球哪些国家宜掌握高利润的科技产业研发，哪些国家宜负责低利润的科技产品代工，哪些国家宜发展高污染并需大量劳工的传统产业，其蓝图、规则都在全球政治经济权力角逐下被制定下来。

如此便涉及社会与政治层面的全球人类生态。在上述先进国家全球化产业分工的蓝图下，不服从此蓝图规划的国家与相关产业便会受到种种制裁——这便是近年来全球性贸易摩擦的源头。贸易摩擦造成全球供销体系失衡，全球贸易网的各主要国家近两年物价皆节节上扬。经济与人民生计问题，更加深以历史记忆、意识形态、政治体制彼此凝聚与区别、对立的当代国家之间的冲突，以及各国内部性别、阶级、种族、宗教社群间的对立冲突。如近年来发生的"黑人的命也重要"运动（Black Live Matter，BLM）、强调女性不应为性骚扰牺牲者的"我也是"运动（Me Too），以及持续更长久及普遍的宗教社群间的冲突。

还有更严重的人类社群与社群认同危机。这是由数字信息（digital information）技术带来的信息传播方式变革，造成当代社会人群间的认知、信息和信赖危机。在各种人与人面对面沟通交流的社会场域（如农村、校园、公司职场），我们会注意自己的言谈举止，以符合及强调自己的社会身份、地位和社会信用。即使在无法面对面沟通的社群如一大城市居民、本民族与国人之中，我们也通过一些市民或国民常识与法律共识，知所当为与不当为，此也因为我们作为一社会人无法摆脱或无视于自己的社会角色与身份。然而在数字网络世界里，发言者背后的社会身份可以被隐藏，因此网上流传着大量违反社会价值、规范的表征（图像、文字与言语），如此让社会人群间的认知、信息和彼此信赖皆产生严重危机。假信息、仇恨言论、网暴，在全球各地皆在撕裂本地社会，更鼓动世界各个国家、民族、宗教社群乃至"文明"间的敌对与暴力。以上所提及的信息、沟通与信赖危机，在近两年来 AI 的急速发展下更让我们难以预料其发展。

结　语

总之，关于近数十年来之全球化人类生态变化，似乎可见以下几点通则。

第一，如前面已提及的，地广人稀的旧欧洲殖民国家蜕化而成的科技强国，以其农业科技及广大的土地大量生产各种廉价农产品，以及其各种科技产品强势供应全世界市场；以全球性的贸易组织（如 WTO）促进跨国贸易网络建立，消除贸易壁垒，维持贸易秩序。然而其实际上是为了掌控全球市场，并建立"知识产权"这样的不平等利润分配规则，以维护其科技产品与资本财团的高利润。

第二，难以抵挡上述强权国家的政治经济压力的国家，常常牺牲其农民利益，进口前者的农产品，如此让本地粮食产业无利可图。大量脱农的农村人口进入都市谋生，成为低薪工人，或成为长期付房屋贷款的房奴。

第三，大量农地被认为无须保留而转作工商之用，无论以合法还是非法手段。资本财团利用这些廉价的土地、人力，以及不完善的环保政策、不健全的劳工安全与福利制度，生产各类产品。当一地开始注意其环境与劳工问题时，资本财团便转战他处。'

第四，发达国家及其资本财团创造及鼓励全球性消费与流行文化，来促进浪费式的消费；对其产品不断进行"晋级"，同时以各种手段（如软件不更新及更改硬件规格）

强制消费者购买其新产品。如此又从发展中国家劳动者的钱包中赚回其在此全球化分工与分配体系下的微薄分配和所得。

对于这一点，我要作些说明。在我读中学时，我家所在的高雄市有一"加工出口区"，以大量来自农村的廉价劳工，以及低土地租金、低税率，吸引全球各地的产业来此设厂。那时候许多由农村来到城市的加工出口区工人，便经常以半个月薪水买一条名牌牛仔裤，或一台卡带式录音机。如今在全球许多地方情况仍然如此。许多发展中国家的工人，愿意花一两个月的薪水买一部苹果手机或其他高档消费品，这同样是受到全球化消费与时尚文化影响。

第五，过度及不必要的消费文化为地球环境带来的破坏愈来愈明显时，西方国家之政学界与民间组织共同推动环保运动，提出节能减排，以减缓全球变暖带来的异常气候与灾难。他们并为此建立一套制度，纳入全球化贸易体系，那便是碳排放权交易制度。

其游戏规则大致是，设定每年碳排放上限（逐年递减），让各企业和各国家间进行碳排放配额交易，以实现减少碳排放的目标。企业或国家可以通过市场买卖，在低开发地区或国家的森林保育中得到排放配额。如此，西方国家可以用减排技术保障其产品优势，并迫使发展中国家购买其减排工业设备，同时让大片森林、草原被各企业及国家买下生产碳排放权的低度开发国家陷入工业、农业发展困境。

欧盟的碳边境调节机制（CBAM）计划将于2026年起全面实施。在此之前全球发达国家及其金融界、商界纷纷建立及投入碳交易市场。逐年递减的排放上限虽旨在推动碳减排，但必然带来碳排放配额价格上涨，这让发达国家资本财团嗅到商机而纷纷投入。发达国家的投机性金融游戏曾几度造成全球性灾难，这一次，势必造成更大的灾难，并改变全球人类生态。这种全球发达国家规划的人类生态，一方面使地球环境得到保护，另一方面确保了发达国家在全球市场的主导地位。发展中国家则被迫承担高减排成本而落入此体系之中底层，而低度开发国家及地区则承担减排和环境保护的角色而成为世界园丁。

总而言之，当前世界的各种危机其实都和 19 世纪以来逐步推进的全球化相关。以人类生态来讲，当前西方强权国家主导的全球化建立在殖民帝国主义扩张造成的全球资源分配蓝图上。这一蓝图几经修正，而成为今日结合环保，全球生产分工，国家、文明、民族、种族、宗教等群体认同，以及生产与消费文化等的全球性人类生态。如今全球各发展中或低度开发国家都处在一个十字路口：是否要继续深入此全球化体系以与发达国家一较短长？还是设法与之保持一定距离，以完善自身由农村到城市到整体国家以及与周边邻邦之间一层层的区域性人类生态？这是一个值得我们大家共同思考的问题。

图书在版编目（CIP）数据

人类生态动物园 / 王明珂著 . -- 北京：社会科学
文献出版社，2025.7. -- （复旦人文高端讲座）.
ISBN 978-7-5228-4943-0

Ⅰ . Q988

中国国家版本馆 CIP 数据核字第 2025L81A94 号

·复旦人文高端讲座·

人类生态动物园

著　　者 / 王明珂

出　版　人 / 冀祥德
责任编辑 / 邵璐璐
责任印制 / 岳　阳

出　　版 / 社会科学文献出版社 · 历史学分社 （010）59367256
　　　　　 地址：北京市北三环中路甲29号院华龙大厦　邮编：100029
　　　　　 网址：www.ssap.com.cn
发　　行 / 社会科学文献出版社 （010）59367028
印　　装 / 南京爱德印刷有限公司

规　　格 / 开　本：787mm×1092mm　1/32
　　　　　 印　张：6.875　字　数：82千字
版　　次 / 2025年7月第1版　2025年7月第1次印刷
书　　号 / ISBN 978-7-5228-4943-0
定　　价 / 49.00元

读者服务电话：4008918866